本书受重庆市发展信息管理工程技术研究中心（重庆工商大学）开放基金项目（KFJJ2017061）、重庆市规划局科技项目（2016－85－2－4）和2017年度重庆市社科规划重大项目（重点应用项目）（2017ZDYY51）资助

山地城市道路交通设施 人性化规划理论与实践

孔繁钰　李献忠　著

U0307450

中国财经出版传媒集团

经济科学出版社

Economic Science Press

图书在版编目（CIP）数据

山地城市道路交通设施人性化规划理论与实践/孔繁钰，
李献忠著.—北京：经济科学出版社，2017.11
ISBN 978 - 7 - 5141 - 8631 - 4

Ⅰ.①山⋯　Ⅱ.①孔⋯②李⋯　Ⅲ.①山区城市 -
城市道路 - 交通设施 - 交通规划　Ⅳ.①TU984.191

中国版本图书馆 CIP 数据核字（2017）第 274089 号

责任编辑：王东岗
责任校对：徐领柱
版式设计：齐　杰
责任印制：邱　天

山地城市道路交通设施人性化规划理论与实践

孔繁钰　李献忠　著
经济科学出版社出版、发行　新华书店经销
社址：北京市海淀区阜成路甲 28 号　邮编：100142
总编部电话：010 - 88191217　发行部电话：010 - 88191522
网址：www. esp. com. cn
电子邮件：esp@ esp. com. cn
天猫网店：经济科学出版社旗舰店
网址：http://jjkxcbs. tmall. com
固安华明印业有限公司印装
710 × 1000　16 开　14.25 印张　300000 字
2017 年 11 月第 1 版　2017 年 11 月第 1 次印刷
ISBN 978 - 7 - 5141 - 8631 - 4　定价：40.00 元

PREFACE 前言

随着城市经济社会的快速发展，城市交通建设有了长足的进步，道路设施的覆盖密度大幅度提高，先进的规划理念得到广泛应用，城市道路交通系统的安全运行得到了进一步保障。但是，在传统的规划理念中，"以车为本"长期以来一直是城市道路交通规划的出发点。道路仅仅作为人和车辆移动的通道和工程构筑物。规划师们更多考虑的是如何使车辆能够快速通过，以及如何减少行人对行驶车辆的干扰。"以车为本"的规划理念导致了城市规划建设时未能考虑地形特点和不同交通出行者的需求，从而产生了单调的道路断面、冷漠的交通环境，剥夺了行人与车辆之间公平的道路使用选择权。对于城市中以步行和自行车为主要出行方式的弱势群体而言，其公平使用道路的权利被部分剥夺。

道路设施人性化不足的原因是多方面的。一方面，道路规划建设在人性化方面考虑不足。现代道路设施规划建设主要从工程建设角度出发，把机动车作为主要规划对象，以正常状态下的交通行为作为参考，考虑的多是安全等级、时速、使用年限和工程造价等因素。同时，规划阶段也较少考虑各种道路社会设施之间的系统性和协调性，导致道路设施所应具有的人性化交通组织措施过于零散，无法形成有效的互补。因此，就整个道路设施系统来讲，仍无法达到人性化要求。另一方面，城市居民对交通设施人性化提出了更高的要求。随着交通需求层次的提高，交通参与者对道路设施的要求逐步趋向于追求舒适、方便。从交通方式来看，城市交通正在向机动化快速发展。因此，如何在交通设施规划设计中体现人性化的理念，如何为不同交通参与者群体构建有各自通行特色的交通环境，充分保护交通弱者，将是未来城市交通规划的发展方向。

　　与其他研究相比，本书更多地结合了山地城市中普遍具有的路网密度低、自由式路网结构以及公交出行比例高和特色公共交通等特点，从人性化的角度出发，以山地城市交通特性为根本，重点对景观特色、道路交通、步行交通、自行车交通、无障碍设施及道路附属设施等进行了深入研究，并以重庆主城区的相关规划实践为基础，给出了研究范例。

　　本书受重庆市发展信息管理工程技术研究中心（重庆工商大学）开放基金项目（KFJJ2017061）、重庆市规划局科技项目（2016－85－2－4）和2017年度重庆市社科规划重大项目（重点应用项目）（2017ZDYY51）资助。本书中图表均来源于作者主持或参与科研项目的成果，并经项目成果所有方同意出版。由于作者水平有限，书中错误纰漏在所难免，欢迎广大读者批评指正。

孔繁钰　李献忠

2017 年 7 月于重庆

CONTENTS目录

第*1*章

绪　　论

1.1 研究背景及意义

　　随着经济社会的快速发展，我国城市交通建设有了长足的进步，交通设施的覆盖密度有了大幅度提高，先进技术和规划理念得到广泛应用，城市道路交通系统的安全运行得到进一步保障。但是，在传统的设计理念中，"以车为本"一直是道路交通设计的出发点。道路仅仅是人和车辆移动的通道、一种工程构筑物。设计师们更多考虑的是如何使车辆能够快速的通过，如何减少行人对行驶车辆的干扰。但是，"以车为本"的观念导致了城市建设时未考虑地形特点，带来了千篇一律的方格网式的道路网络，形成了单调的道路断面、冷漠的交通环境，剥夺了行人与车辆公平的道路使用权。大中城市中，各种等级、性质的道路上充斥着尾气、噪声和快速行驶的车辆，以步行和自行车为主要出行方式的弱势群体其公平使用道路的权利被剥夺。交通设施人性化问题越来越多地受到人们的关注。

　　城市交通设施人性化不足的原因是多方面的。一方面，道路规划建设在人性化方面考虑不足。现代交通设施规划建设主要从工程建设角度出发，把机动车作为主要设计对象，以正常状态下的交通行为作为参考，考虑的多是安全等级、设计时速、使用年限和工程造价等因素。虽然规划设计人员已经从设施使用者的角度出发，开始关注行人、非机动车等交通弱者的保护，并对个别交通设施进行了局部的调整，但是这种规划设计尚无法形成系统。同时，众多交通设施在规划初期较少考虑设施之间的系统性，导致交通设施所表现的法律规定及交通组织措施过于零散，无法形成有效的互补。因此，就整个交通设施系统来讲，仍无法达到人性化要求。

　　另一方面，市民对交通设施人性化提出了更高的要求。随着交通需求层次的提高，交通参与者对交通设施的要求逐步趋向于追求舒适、方便。从交通方式来看，随着小汽车迅速进入家庭和公共交通出行比例的不断增长，包括山地城市在内的城市交通正在向机动化快速发展。因此，如何在交通设施规划中体现以人为本的理念，充分保护交通弱者，如何为不同交通参与者群体构建有各自通行特色的道路环境，将是未来城市交通设施规划的发展方向。

　　此外，山地城市具有地形起伏大、城市用地紧张等特点，其城市道路交通设施与平原城市相差较大，道路网通常呈现为自由式发展的特点，与山地城市用地布局特点相关，山地城市的路网布局为组团式布局、带状布局和分片布局等多种模式，道路横断面较窄、平面线形较差、纵断面坡度较大、畸形交叉口偏多以及指路系统复杂等特点；公交和步行出行比例较高，但公交可达性较差。因此，研究山地城市交通特性，提出山地城市交通系统的人性化规划策略具有较强的理论和实践意义。

1.2 主要研究内容

　　道路交通参与者主要有机动车驾驶员、摩托车和自行车骑行人员、行人、特殊人群等，根据不同道路使用者的交通特性，从道路人性化景观、机动车道、交叉口、中央分车带、公共交通设施、自行车交通设施、步行交通设施、无障碍设施、其他道路附属设施等方面，针对每一类交通设施开展现状调查，分析存在的主要问题，在综合研究不同城市案例的基础上，提出人性化的山地城市交通规划的策略和方法，指导山地城市交通设施的人性化规划和建设。主要研究内容具体为以下几点。

　　（1）山地城市交通特征研究。通过对国内外山地城市概念、布局特点、居民出行特征进行分析，给出山地城市的交通特征。

　　（2）山地城市道路交通设施人性化规划理论分析。通过构建人性化城市交通规划设计理念，确定山地城市道路设施人性化规划原则和目标，给出山地城市道路设施人性化规划的评价与方法。

　　（3）山地城市机动车道路设施人性化规划研究。通过对山地城市机动车道路设施现状问题和国内外案例进行分析研究，提出山地城市机动车道路设施规划控制要求和建议，并给出山地城市道路路段、节点、分隔带和附属设施的人性化改善策略和方法。

（4）山地城市公共交通设施人性化规划研究。对山地城市公共交通设施人性化规划现状问题进行分析，并对国内外案例进行比较研究，给出城市公共交通设施人性规划策略和方法。

（5）山地城市步行和自行车交通设施人性化规划研究。对山地城市步行和自行车交通设施人性化规划现状问题进行分析，并对国内外案例进行比较研究，给出城市步行和自行车交通设施人性规划策略和方法。

（6）山地城市交通无障碍设施人性化规划研究。对山地城市交通无障碍设施人性化规划现状问题进行分析，并对国内外案例进行比较研究，给出山地城市交通无障碍设施人性规划策略和方法。

1.3 研究框架和研究路径

山地城市交通特性与平原城市交通有较大区别，本书首先从山地城市交通特征研究出发，构建人性化城市交通规划理论，给出道路设施人性化的规划原则和目标，针对机动化道路设施、公共交通设施、自行车交通设施、步行交通设施、无障碍设施、其他道路附属设施等各种类型的交通设施进行人性化规划研究，最后提出结论与建议。

本书的研究框架和路径如图1-1所示。

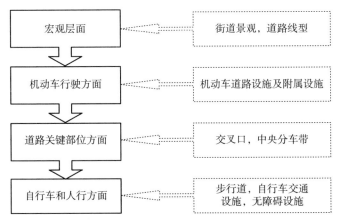

图1-1 技术路线

第2章

山地城市交通特征研究

2.1 山地城市的概念

按照地形地貌的差别可将城市分为平原城市和山地城市。山地城市的定义因学科不同而不同。山地城市应具有以下特征。

（1）地理区位：城市位于大型的山区内部，或位于山区和平原的交错带上。

（2）社会文化：山地地域环境充分融入到城市经济、生态、社会文化的发展过程中，形成不可分割的有机整体。

（3）空间特征：由于具有复杂的、不可变动的山地高差明显的地貌特征，直接影响了城市的建设与发展，形成了独特的垂直分异和分散聚集的人居空间环境。

广义的山地城市，更强调山体山形与城市格局的构成关系，虽然城市的建成区是在相对平坦的用地上，但整个城市却因山体、水域地形的存在而形成独特的城市格局，从而对城市的形态和特征产生较大的影响，形成以山体为城市用地组成部分或背景的城市，属于山地城市范畴，如珠海、拉萨、厦门、南京、桂林、丽江、三亚，等等。狭义的山地城市是指城市选址并修建于山坡和丘陵的复杂地形之上，城市发展的地形环境内断面坡度≥5%，垂直分割深度（2×2千米计算面积相对高差）≥25米的城镇，其各项使用功能，如，居住、生产、交通、绿化等用地是在起伏不平的地形上来组织和形成的，并构成了与平原城市不同的城市空间形态和环境特征，如，我国著名的山城重庆、青岛、香港，以及宜宾、遵义、攀枝花等。

本书中的山地城市交通研究对象为后一种狭义的山地城市。山地城市中，以多中心组团为布局特征的城市较为多见，本章后续内容中将以重庆主城区为例重点介绍多中心组团山地城市及其交通特征。

2.2 山地城市多中心组团布局特征

2.2.1　多中心组团式城市的由来

自古以来城市都是由城市中心发源，人口与产业不断向这些区域聚集，然后再由中心以各种形式向外围扩展。世界上大城市的吸引力，主要归功于它们非常强大的市中心。从历史上看，伦敦、巴黎、纽约、东京、莫斯科、罗马、上海和柏林等这些大城市的市中心早已聚集了大量的公共活动，具有强烈的向心吸引力，城市以公共中心为结构核心，公共活动烈度随距核心距离的增大而衰减。

城市作为人口和产业的聚集地，存在着一种强烈的向心力，它在古代较长时间中以人口的城市化为标志，近代的工业化加速了其聚集，现代城市第三产业更是起了推波助澜的作用。实际上当此种力量不断聚集，以致使城市不能再承受其压力时，城市之离心力也就产生，它以人口与产业的郊区化为先导，尔后是各种服务行业跟踪的行动。传统的单核中心结构是城市的固有形式，可是在其发展过程中，向心力与离心力不断作用的结果，使人口与产业高度集中，城市规模无限扩大，新内容与旧形式发生矛盾，由此引起的集中与分散之争，但延续了半个世纪之久的争议并未解决任何问题，那是因为无论是分散或者集中都反映了认识的片面性，实际上人类的一切活动，可以说是集中与分散的对立统一。人类的活动包括了各种社会实践过程，它们的进行都需要我们去创造相应的空间活动环境。这其中无论是生产过程、生活过程或文化过程，就其整体上来说无不包含着分散与集中的因素。

上述现代化大城市存在着矛盾，既然是新内容与旧形式之间的冲突引起的。因此，只有从根本上打破传统的规划理论，以多中心结构代替一元化的单核结构，才能为现代大城市开创一个新纪元。多中心城市结构形态可以说就是为适应上述需要而发展起来的一种新的城市发展形态模式，它既有分散，又有集中，分散中寻求统一，在分化大城市中心功能的同时，建立有分有合的新秩序。

多中心结构形态为一元化集中式单核结构城市演变的必然归宿，我们已知现代大城市存在的主要矛盾与问题往往是城市中心功能过分集中引起的。而多中心结构却可以通过中心功能的分化来解决一元化城市所难以解决的矛盾。

这里所说的多中心结构，既包含传统的一元化城市中心多级中心体系，即城市中除市中心外，还可有区级中心、小区中心和边缘集团中心；也包含市级中心的多中心体系，即在多中心规划结构中可以有几个市级中心体系（组团），组团中有规模相当的商业及文化生活等公共服务设施，无论在内容与形式上都旗鼓相当，势均力敌，即使与传统的市中心相比，也毫不逊色。

2.2.2 多中心组团式城市的内涵和分类

多中心组团式城市内涵：以河流、道路、绿化、农田和道路交通设施等对大城市进行分割，分化城市结构和功能，形成多个功能组团的集合体，各组团均有各自的中心城，并具有相对独立的功能。组团内部自成系统，居住、工作和服务设施相对完善，全市的中心城通常地处各组团或其中几个组团的中心，规模最大、设施最全，是全市的政治、经济、文化和商业中心。

从今天世界各国的实践，从一个完整的理论全系来讲，多中心结构应该包括三种形式。

（1）副中心分布于大城市中心区之边缘，在郊区公路入城的终点建立副中心，以市级规模的商业及现代化的服务设施，分化大城市的中心功能。

（2）副中心分布在郊区交通干线的交点上，在开发大城市郊区的同时，建立郊外副中心，以市级规模的商业及现代化服务设施，截住通往大城市中心的人流。

（3）副中心在分化大城市中心功能的同时，分化大城市空间，建立综合平衡下的分块就地平衡结构，此种次结构既是大城市不可分割的一部分，又保持着相对独立性，以便改善其空间环境，分化城市人口及其活动的集中。

图 2-1 为采用第 1 种形式的多中心组团式结构的典型城市如日本东京。东京市中心的中央区，千代田区及港区仅 41 平方千米，却集中了全国行政、经济及文化等各种业务功能，其容量已达极限，造成交通上的极度困难，为此必须疏散其中心功能，把它改造为多种心城市，以适应东京未来发展的需要。在 1958 年，东京已提出了建设新宿、涉谷、池袋三个副中心的计划，此三者都位于山手铁路环线与郊区公路终点上，为各种人流进入市区之要冲，尤其是新宿副中心，更在城市布局中起着举足轻重的作用（见图 2-2）。

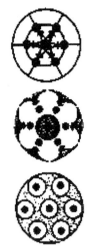

图 2-1　多中心结构形式

图 2-2　东京副中心的分布

　　采用第 2 种形式的多中心组团式结构的典型城市诸如法国巴黎。法国巴黎的城市发展较为特殊：全国的各种经济社会活动大都集中在首都，导致巴黎市中心各种矛盾特别突出，生活环境恶化，大量人口向郊区流动；而郊外设施落后，被称为法兰西沙漠，所以巴黎的改造与东京不同，其副中心建在郊区。按照巴黎发展规划，要把市区原封不动地保留下来，让它继续发挥作用，而以一个稠密放射状交通网使市中心与大都市区连接起来。不过，其郊外的发展不是采用古老的放射环状的规划方法，却是把它引向两条长的轴线，两条轴线都切向现有的新城市，长度分别达七八十千米，根据发展需要串联了九个新城（副中心）。巴黎副中心一般都选择位于距离城市区约 10 千米的近郊，往往采用组团结构的形式正在向大城市靠近，它们每个为 30 万～100 万居民服务，至少有 300～500 公顷面积，设有各种与其人口规模相当的公共服务设施，有的规模已相当于大城市，举世闻名的德方斯就是巴黎郊区副中心最富有代表性的一个。

采用第 3 种形式的多中心组团式结构的典型城市诸如莫斯科（见图 2 – 3）。莫斯科在十月革命之后发展很快，人口与用地激增，拥有一般世界大城市所普遍存在的内容与形式之间的矛盾。1971 年的新总图是一个创造性的具有划时代意义的宏大计划，这就是莫斯科的多中心结构，它环绕着传统的市中心布置了 7 个副中心，新总图把公路环以内的 800 多平方千米的城市用地，从规划结构上分为 8 个综合规划片次结构，构成一个星光放射状的市级中心多中心体系。新总图对历史上形成的放射环状道路网也作了改进，在网内补充了四条直角相交的快速路，这样就可避免交通穿过市中心，此外，还建了两条新环路，其中一条通往火车站，另一条连接了 7 个副中心。

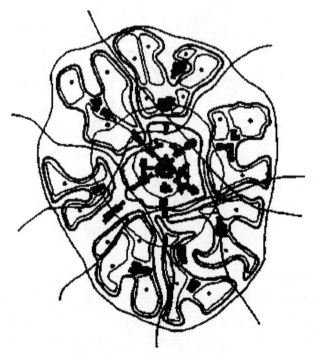

图 2 – 3   1971 年莫斯科规划结构

2.2.3　多中心组团式城市结构特征和城市规模

组团式城市由若干个城镇组团所组成，各组团均有各自的中心城，并具有相对独立的功能。组团内部自成系统，居住、工作和服务设施相对完善，全市的中心城通常地处各组团中心，规模最大、设施最全，是全市的政治、经济、文化和商业中心。因此，组团式城市实际上是一个具有多中心的各功能组团的集合体，如，莫斯科、巴黎、东京、我国的深圳、重庆、西安等城市。

组团式布局形态一般适用于大城市或特大城市，主要是因为在这种规模的城市中，城市产业和人口主要分散于各组团之中，居民日常的主要活动集中在组团内部，因此没有一般大城市中心区交通拥挤、人口密集、环境恶化等城市病，城市总体人口规模尽管相当庞大，但由于分散于每个组团，各组团人口就大大减少，如莫斯科市人口规模为 800 万人，但除了核心为 134.0 万人，此规划分区为 128.5 万人之外，其余 6 个片区人口均在 100 万人以下。

2.2.4　山地城市"多中心组团式"布局形态演化过程

重庆主城区的"多中心组团式"空间格局是在一系列偶然因素和必然因素下促成的。先天的自然条件给组团式布局形态的形成创造了条件。城市的发展首先是由两江交汇的渝中半岛东端开始的，占据水运交通方便之地，沿袭风水建城，各种环境、交通等深层结构对城市用地形态产生重要影响，渝中半岛东端迅速发展起来，并在两江的制约下向西部延伸。

图 2-4 显示了清代末期重庆城市用地形态。随着 1937 年抗战爆发、国民政府迁都重庆，重庆城市建成区迅速扩张，建成区范围已逐渐扩大到西至沙坪坝、东迄涂山脚下、南抵大渡口，在两江半岛市区周围形成了若干卫星城镇，初步奠定了现代重庆城市用地组团式布局格局。

三线建设时期主要沿两江三线（长江、嘉陵江及成渝、襄渝、川黔铁路线）展开，促进了大批工业型中小城市迅速成长，同时也带动了中心城区的发展，"有机松散、分片集中"的"多中心、组团式"结构形态已形成。

后来在 1983 版、1996 版总体规划的指导下，城市建成区主要向南北两翼发展。北部地区，以江北观音桥为中心，呈扇形态势，沿 210 国道等交通干道逐渐向江北县（现称渝北区）方向推进；南部地区，从杨家坪、石桥铺、凤鸣山一线，以交错推进的态势，向茄子溪、孙家湾方向发展；南坪和大石坝地区，也因

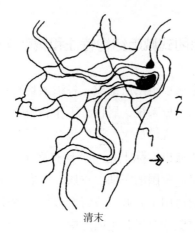

清末

图 2 - 4　清末时期重庆城市用地形态示意

长江大桥和石门大桥的建成通车而迅速发展起来。城市用地形态结构上形成 14
个相对独立又相互联系的片区，各片区之间用江河、绿化、荒坡、农地、山脉隔
离，并与旧城中心区保持一定距离，使绿地楔入城市，形成多中心、组团式形态
结构。

　　现状城市建设主要集中于中部槽谷，经历多年的发展，主城区逐步形成了
"有机分散、分片集中"的结构布局，在主城核心区形成了"一主四副"的五个
中心组团，中心组团是城市的中心商务区或区级商业服务中心，商业、办公及旅
馆等高密度开发，形成了具有重庆特色的"商圈"。其中，市级商业办公集中的
渝中半岛组团是城市的中心核，大杨石组团、沙坪坝组团、观音桥—人和组团、
南坪组团是城市次级核心，五大中心组团聚集了主城区大多数人口。

　　同时，城市发展跨越两山，在东西槽谷内形成新的组团和功能区，总体上城
市空间呈现"一城五片、多中心组团式"式布局形态。其中，中部片区指中梁山
以东、铜锣山以西，长江和嘉陵江环抱的区域，包含的组团有：渝中组团、大杨
石组团、沙坪坝组团、大渡口组团；

　　北部片区指嘉陵江以北，中梁山和铜锣山之间的区域，包含的组团有：观音
桥—人和组团、两路组团、蔡家组团、大竹林—礼嘉组团、唐家沱组团；

　　南部片区指铜锣山以西，长江以南和以东区域，包含的组团有南坪组团、李
家沱—渔洞组团；

　　西部片区指缙云山与中梁山之间的区域，包含的组团有西永组团、北碚组
团、西彭组团；

　　东部片区指铜锣山与明月山之间的区域，包含的组团有茶园—鹿角组团、鱼

嘴组团。

现有的"多中心、组团式"的布局结构延续了重庆市的传统"多中心组团式布局"的特点，组团与组团之间以河流、绿化、山体和道路相分隔，既相对独立，又彼此联系。各个组团内部围绕组团中心呈现出同心圆模式的空间结构，同构化特征较为明显。

2.3 山地城市居民出行特征分析

山地城市居民的出行特征是山地城市交通规划适应对策的逻辑起点之一。城市居民出行特征包括出行次数、出行目的、出行方式、平均出行时间、出行时耗分布、出行时辰分布等，一般因城市所在的地域、城市类型、城市规模、城市居民生活习惯等因素的不同而不同。通过对重庆、贵阳、遵义等山地城市的交通调查分析可知，山地城市居民出行存在着不同于平原城市的特征。

（1）山地城市居民的平均出行次数相对较低。城市居民人均日出行次数呈现从小城市到大城市递减、从经济不发达城市到发达城市递增的规律。在我国，由于山地城市的总体经济水平较之于我国平原城市低，因此，相对于同等规模的平原城市，山地城市居民的平均出行次数一般相对较低。如表 2 - 1 所示。此外，山地城市相对功能复合土地利用特点也有助于减少居民的平均出行次数。

表 2 - 1　　　　　　　　国内部分城市居民每日平均出行次数

城市	年份	出行次数/日
重庆都市区	2014	2.14
北京六环内	2015	2.75
上海中心区	2014	2.37
贵阳	2001	2.49
青岛中心城区	2015	2.18
广州	2005	2.58
攀枝花	2005	2.51

（2）山地城市居民的出行方式以步行和公交为主，私人交通方式所占比例低。山地城市居民出行方式大多以步行和公交出行为主，非机动车和小汽车等私

人出行方式所占比例较低。这主要有两个方面的原因：一方面，由于山地城市地形起伏较大，道路坡度大，非机动车等交通方式使用起来相对较为困难；另一方面，在我国地区发展中，山地城市的经济水平总体上相对较为滞后，因此小汽车的出行比例一般低于我国的平原城市。从表2－2中可以看出，重庆、贵阳和遵义三个山地城市的步行出行都在50%左右，公交出行也达到了25%以上，远高于我国的平原城市，而私人出行方式所占比例则相对较低。

表2－2   国内部分城市居民出行方式划分   单位：%

城市	调查年份	方式						
		步行	非机动车	公交（含轨道）	出租车	摩托车	小汽车	其他
重庆都市区	2011	47.5	—	33.4	6.7		11.5	0.9
贵阳	2002	62.4	2.7	26.6	1	1.6	4.9	0.7
遵义	2004	65.6	0.7	29.8	1.4	1.2	0.8	0.4
上海中心城区	2004	29.2	30.6	18.5	5.2	5.2	11.3	—
北京城六区	2000	32.7	38.4	15.5	1.6	2.0	9.4	0.4
成都	2002	30.8	43.8	10.4	4.7	2.6	6.0	1.9

（3）对比其他城市，山地城市小汽车分担率仍处于较低阶段。国外如大伦敦、大巴黎、东京都市圈、新加坡及纽约都会区等城市的小汽车机动化出行分担率分别为50.0%、63.6%、32.0%、37.7%及50.0%，国内如北京、上海、广州及深圳等城市的小汽车机动化出行分担率分别为36.0%、39.6%、41.0%及39.4%，与他们对比，重庆都市区目前29.4%的小汽车机动化出行分担率，仍处于较低阶段，未来还可能持续增长（见表2－3）。

表2－3   国内外部分城市机动化出行分担率对比   单位：%

城市名称	小汽车	公共交通（公交与轨道）
重庆都市区（2014年）	29.4	60.7
北京（2013年）	36.0	50.7
上海（2012年）	39.6	48.4
广州（2013年）	41.0	46.4
深圳（2011年）	39.4	46.8

城市名称	小汽车	公共交通（公交与轨道）
大伦敦（2012 年）	50.0	47.4
大巴黎（2010 年）	63.6	33.8
东京都市圈（2009 年）	32.0	66.0
新加坡（2012 年）	37.7	57.1
纽约都会区（2012 年）	50.0	45.5

注：大伦敦面积 1579 平方千米，大巴黎面积 12012 平方千米，东京都市区面积 13557 平方千米，新加坡面积 716 平方千米，纽约都会区面积 17450 平方千米。

（4）山地城市组团内部出行比例更高。由于山地城市大多采用多中心、组团式的空间布局结构和就地平衡的综合住区发展原则，因此，相对于规模相近的城市，山地城市近距离出行（组团内部出行）所占的比例相对更高。如表 2 - 4 所示，重庆都市区内除外围区域的悦来组团外，其余组团内部出行比例均在 50% 以上。

表 2 - 4　　　　　　　　重庆都市区组团和跨组团出行比例　　　　　　单位：%

交通大区	组团内出行比例	组团间出行比例
渝中半岛	62	38
大坪—石桥铺	58	42
沙坪坝—双碑	74	26
杨家坪—二朗	66	34
中梁山	82	18
大渡口	60	40
李家沱	83	17
南坪	69	31
弹子石	69	31
观音桥	50	50
大石坝	54	46
大竹林—礼嘉	33	67
鸳鸯	26	74
唐家沱	81	19

交通大区	组团内出行比例	组团间出行比例
两路	64	36
北碚—蔡家	97	3
西永	31	69
白市驿—西彭	33	67
渔洞—界石	88	12
长生	75	25
鱼嘴	40	60

在外围的鱼洞组团、北碚组团、李家沱组团、中梁山组团、唐家沱组团，内部出行占据绝对主体，在这些组团内部出行比例维持在80%以上，其中北碚组团达到97%，渔洞组团达到88%。

在外围的鱼嘴组团、大竹林礼嘉组团、白市驿—西彭组团、西永组团、鸳鸯组团，居民出行主要以跨组团出行为主，内部出行比例都未超过50%，其中以西永组团为31%，鸳鸯组团仅26%。

重庆主城核心区组团的内部出行比例处于中间状态，平均维持在65%左右，一主四副中心组团中沙坪坝、南坪、杨家坪内部出行比例维持在70%左右，渝中半岛、观音桥组团内部出行比例相比其他中心组团来说，内部出行比例略低。

总体来说，重庆主城区组团内部出行比例由2002年的85%下降到2013年的70%。但相比国内其他城市来说，这一内部出行比例依然较高。

（5）出行时间。重庆主城区居民平均一次出行时耗约为31.1分钟。组团出行时间规律与组团内部出行比例分布规律存在很大一致性（见表2-5和图2-5）。

表2-5　　　　　　重庆主城区2013年组团平均出行时间

组团名称	平均出行时间（分钟）
渝中半岛	31.1
大坪—石桥铺	29.4
沙坪坝—双碑	27.6
杨家坪—二朗	26.5
中梁山	19.0
大渡口	34.0

续表

组团名称	平均出行时间（分钟）
李家沱	21.7
南坪	28.3
弹子石	34.2
观音桥	32.1
大石坝	29.0
大竹林—礼嘉	34.4
鸳鸯	37.7
唐家沱	23.3
两路	34.8
北碚—蔡家	20.9
西永	60.3
白市驿—西彭	67.8
渔洞—界石	17.8
长生	39.2
鱼嘴	54.3

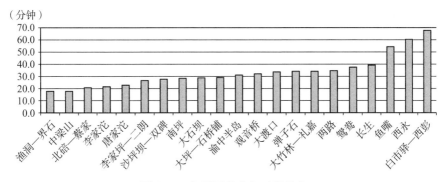

图 2-5　组团平均出行时间示意

①内部出行比例小的组团一般平均每次出行时间较高，如鱼嘴、西永、白市驿—西彭平均出行时间都接近或超过 60 分钟。

②而内部出行比例较高的组团如鱼洞组团、北碚组团、李家沱组团、中梁山组团、唐家沱组团，平均出行时间都维持在 20 分钟左右。

③"一主四副"中心和主城核心区其他组团平均出行时间居中，维持在 30

分钟左右。

（6）出行距离。重庆主城区的"一主四副"中心组团城市中，南坪、杨家坪、沙坪坝的平均出行距离较小，在3千米左右，观音桥组团、渝中半岛组团的平均出行距离较大，其中最大的为观音桥组团，平均出行距离达到了5.3千米（见表2-6和图2-6）。

表2-6　　　　　　　　　　重庆主城区组团平均出行距离　　　　　　　单位：千米

组团名称	平均出行距离
渝中半岛	3.9
大坪—石桥铺	4.1
沙坪坝—双碑	3.0
杨家坪—二朗	3.2
中梁山	3.2
大渡口	4.0
李家沱	2.3
南坪	3.3
弹子石	10.7
观音桥	5.3
大石坝	4.6
大竹林—礼嘉	9.0
鸳鸯	10.7
唐家沱	3.1
两路	8.9
北碚—蔡家	1.2
西永	16.0
白市驿—西彭	29.5
渔洞—界石	2.7
长生	15.2
鱼嘴	23.1

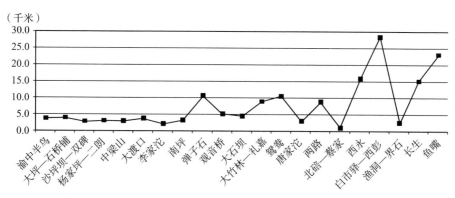

图 2 - 6　重庆主城区各组团居民平均出行距离

①外围发展较为成熟的组团，如鱼洞组团、北碚组团、李家沱组团、中梁山组团、唐家沱组团，这些组团的平均出行距离较小，尤其是北碚组团，平均出行距离仅为 1.2 千米。这些组团也恰好是内部出行比例较高的组团。

②弹子石组团、大竹林礼嘉组团、鸳鸯团组团、两路组团，平均出行距离在 8～11 千米。

③西永、西彭、长生、鱼嘴组团的平均出行距离较大，都超过了 15 千米，有的甚至接近 30 千米，如西彭组团。

从外围组团的内部出行比例、平均出行时间、平均出行距离以及平均出行时间分布结果来看，仅外围组团中的渔洞组团、北碚组团、李家沱组团、中梁山组团、唐家沱组团保持了独立发展的态势，因而出行特征呈现出较高的内部出行比例，较低的平均出行时间和平均出行距离，以及明显的午高峰现象。而其他组团都与中心组团或副中心组团保持着紧密的联系，发展过程中较为依赖主城核心区组团的部分功能，呈现出一种组团成片粘连发展的态势。

2.4 山地城市交通特征分析

由于在用地布局、路网结构、居民出行等方面具有的特点，山地城市的道路交通系统也呈现出一些不同于我国平原城市的特征。

2.4.1　山地城市交通出行的非直线系数较大

交通出行的非直线系数是指出行的实际路程与出行起讫点之间空间距离的比

值。山地城市交通出行的非直线系数一般比较大，主要是因为，一方面，从道路线形看，山地城市道路受地形的限制，道路线形中曲线较多，会使交通出行的实际路程增加；另一方面，从路网结构看，山地城市的道路网一般结合地形布置，所以尽端路、断头路比较多，路网连通度差，这会使交通出行的绕行距离增加，进而也增加了交通出行的实际路程。

2.4.2 山地城市道路系统功能混杂

从功能上来看，山地城市的各中心之间以及与外围各组团间的道路交通系统既担负着各组团之间的客货运输，同时也担负着部分具有公路性质的长途运输功能。

城市与郊区之间，居住区、工业仓库区和其他对外交通设施之间短途客货运输，既通行地方性车辆，又通行过境车辆，它既是城市组团间客货运输流集散的通道，又是城市与郊区联系的纽带。混合交通量较大，交通干扰太多，功能的复杂导致其交通特性不同于一般的城市道路。

如图2-7和图2-8所示，从交通组成上来看，组团之间的交通兼有公路和城市道路的特征，交通组成要复杂得多，有长途客货车、短途公交车及货车，同时还有大量的其他车辆，车类繁多，性能各异，速度、动力、净空、灵活性均各不相同。各车型所占百分率（绝对数之比）随距组团中心的远近而变化。

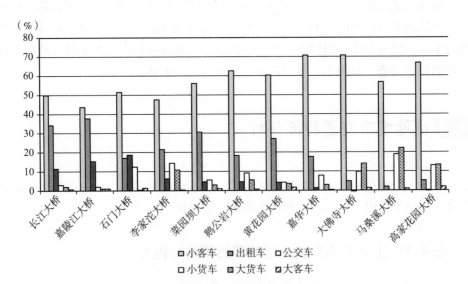

图2-7　重庆主城区主要跨江通道交通量组成

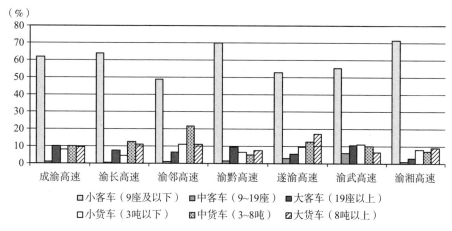

图 2-8　重庆主城区主要对外通道交通量组成

2.4.3　山地城市道路网可靠度相对较差

可靠度是指系统能够在规定的条件和规定的时间内实现预定功能或目标的概率,它是衡量系统性能的重要指标。城市道路网是由一系列元素(包括路段、交叉口、交通管理与控制设施等)组成的一个功能系统,因此在承载交通流的过程中,也存在可靠度的衡量问题,并且越来越到人们的关注。城市道路网可靠度可用路网连接可靠度、路网行程时间可靠度和路网容量可靠度来衡量,其中,路网连接可靠度是最基本的衡量指标。山地城市由于路网连通性差、干道交通口间距较大,加上交通需求、交通供给和交通行为的不确定性带来局部路段交通运行的不稳定、交通拥堵或交通封闭等问题,较难使用替代路径来完成交通过程,交通拥堵的影响范围会迅速扩大。因此,山地城市的路网可靠度相对较差。

2.4.4　山地城市道路网平均行程车速较高

路网的平均行程车速是考核路网服务水平的重要指标,平均行程车速与城市道路交通需求、道路交通的服务能力有关。山地城市因为地形条件和城市用地布局等原因,城市干道交叉口间距一般较大,且非机动车干扰很小,所以,在正常的、较为顺畅(非拥堵)的交通状态下,有利于机动车的正常行驶,平均行程车速相对比较高。根据调查,2004 年遵义城区道路高峰小时平均行程车速为 28.35 千米/小时,重庆沙坪坝中心区高峰时段路网平均行程车速为 29.1 千米/小时,在相同规模城市中均处于较高的水平。

2.4.5　山地城市交通方式和交通设施多样化

山地城市除了步行、非机动车、常规公交、轨道交通、出租、小汽车等常规的交通方式和设施外，还有室外大梯道、室外隧道、室外自动扶梯、缆车、过江索道、过江吊车等交通方式和设施。这些交通方式和设施能够克服地形，承担竖向交通功能。

2.4.6　山地城市的土地利用特点有助于减少交通出行总量，增加公交方式的出行比例

与平原城市相比，山地城市的土地功能复合利用程度相对更高，城市空间结构也呈现出"有机分散、分片集中、分区平衡、多中心、组团式"的特点，这些特点都有助于减少交通出行总量，减少私人交通方式的使用比例，减少停车空间需求，增加公共交通方式的出行比例。

2.4.7　山地城市道路交通环境面临着较大的挑战

由于山地城市道路曲线多、坡度大，汽车在行驶过程中将遇到较频繁的转弯、上坡和下坡，与在平直的道路上行驶相比，将产生更多的交通噪声和尾气。因此，应对山地城市道路交通噪声、汽车尾气排放等交通环境问题给予更多的关注。

第 3 章

山地城市道路交通人性化
规划理论分析

3.1 人性化城市交通规划设计理念的构建

3.1.1 人性化交通理念

人性化城市交通研究涉及城市交通建设的目的性问题。纵观山地城市道路交通人性化规划史，不难看出，城市交通是人类社会发展的产物，但现代交通规划和建设未能从大多数人的根本利益出发。

人性化城市交通应当"以人为本"，以人的基本生活、心理、行为和文化需要为出发点的城市交通，是生活场景的再塑造。人性化城市交通强调城市交通不仅要满足人的主观需求，还要满足人的客观需求，如对安全的需求、对环境的要求和对审美的需求等。总的来说，人性化城市交通，是以人为中心，以维护人的生存和发展的权利为准则，以人幸福的身心生活与山地城市道路交通人性化规划的和谐统一为尺度，以提高交通参与者的满足感和满意度为目标的城市交通建设和发展过程。也可以说，人性化城市交通，是使人们在城市中，以最小的时间和经济成本、最低的身心消耗、最愉快的参与方式去达到他们的出行目标的交通状态。

人性化交通有三个特征。

（1）出行方便、快捷。城市中的各类交通首先应满足人们出行是足够的方便，足够的快速。相应地，应该有与人们的综合感受相适应交通运输系统，如人们出行有较少而方便的换乘，有随时提供的交通运行动态的信息，有及时、迅速、周到、经济的出行保障服务，处处体现人性关怀。

（2）安全、舒适。城市交通要确保行车安全，环境舒适。城市交通要通过其自在的物理性能与人发生关联的同时对人的心理产生积极的影响，促进人的心理健康。城市交通中的使用者对交通的整体感受应是积极向上令人愉悦的，这样才会感到作为交通参与者的快乐，工作效率才会最佳，生活质量也随之提高。

（3）令人感到满足。这是与人的群体意识有关的社会属性问题，体现出城市交通的内在品格与人的精神感受之间的关联。要坚持人与自然相和谐的关系，和谐的交通环境、能提高人们的满足感，鼓舞人的向上精神。

3.1.2　人性化交通理念的阶段

城市交通系统的建设流程包括交通规划、设计、建设、管理等阶段，人性化理念需贯穿于交通系统建设的各个阶段中，才能实现真正的人性化交通系统。具体关系见图 3 - 1。

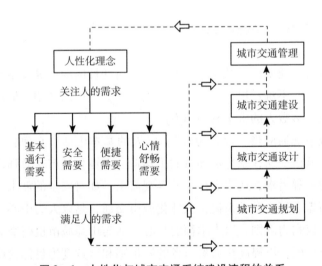

图 3 - 1　人性化与城市交通系统建设流程的关系

3.1.2.1　交通规划阶段

人性化理念需要融入于城市交通的规划阶段，这样才能从根本上决定城市交通的人性化程度，并且可以做到事半功倍的效果，"车本位"的城市交通规划更注重车辆的交通环境在未来的发展，"人本位"的城市交通规划则从出行者整体利益考虑，做到利益最大化。

城市交通规划决定了城市交通的发展形势，以小汽车还是以公共交通为主的交通发展模式将决定了城市路网的布置形式、道路横断面的设置形式乃至城市功能区的布局。小汽车为主的城市交通，在相同交通需求的情况下，其建设尺度要比以公共交通为主的城市交通大，在后续的设计、建设中所面临的问题将会有很大区别。

交通系统各个子系统之间是相互关联的，交通规划需对各个子系统进行合理设计，某一子系统设计缺陷可能会影响到其他子系统的正常运行。例如，对停车场设施的规划与建设较为缺乏，常常会有机动车辆停放在人行道上，而或人行道在设计是并没有考虑此类情况，承载设计要求往往达不到机动车的载重，因此造成人行道路面损害。

将人性化理念融入于城市交通规划环节，从交通建设的上游开始关注出行者的各种需求，那么在下游建设中才能做到水到渠成。

3.1.2.2　交通设计和建设

交通设计和建设将从更详细的层面对道路设施进行布置，其中牵涉许多细节考虑，通过出行者在各个具体交通环境中突出矛盾的分析，根据具体的建设条件，从基本通行、安全、便捷、心情舒畅四个层次分析出行者的需求，对道路设施进行改善。

3.1.2.3　交通管理与教育

交通运营期间对交通的管理与教育可以对人的思想、行为进行规范，使得交通系统的利益得以实现。这里就需要考虑交通管理和教育是为了实现哪些主体的利益最大化，是行人、机动车还是总体的出行者？交通管理服务的主体不同，在管理的理念上就有很大的区别。例如，路段无信号人行横道上，行人与机动车有相同的路权、行人具有优先权、机动车具有优先权三种管理方式体现的利益主体将有很大区别。

同时，大量的交通矛盾在交通运营期间显现出来，在交通管理的过程中需对此类问题进行归纳总结，并对其进行反馈，以便指导今后的交通建设。总而言之，在交通建设的各个环节人性化理念都应得到不同形式的应用，这样才能更经济、动态地关注、满足出行者的需求。

3.2 山地城市道路交通人性化规划原则与目标

3.2.1 规划原则

人性化的道路交通系统以人为中心和尺度，依据人心理和生理需要，对道路设施进行优化。既然人是道路交通系统的主角，那么要创造安全、快速和高效的道路交通系统，首先要考虑人。如图3-2所示，根据马斯洛人的需求层次论，即生理、安全、归属与爱、受人尊重、自我实现五个层次需求，这五个层次的需求是逐级递增的，当低层次的需求满足之后，人类又会追求更高层次的需求。

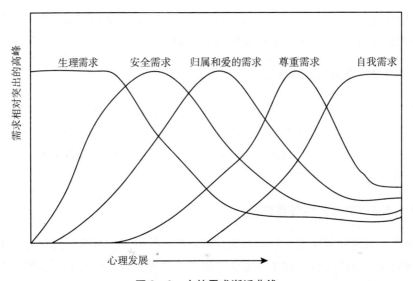

图3-2 人的需求渐近曲线

道路设施的人性化规划既要满足人的多种需求，同时还要满足不同人群的需求，诸如老年人与残疾人等特殊人群的需求。按照马斯洛提出的需求层次论，将道路设施人性化规划原则按需求等级归结为四个层次的需求（见图3-3）：功能需求、安全需求、特殊需求和舒适需求。人性化的道路交通系统是从人的生理、心理需求、文化情感从低到高的不同的需求层次递进进行规划设计。当一些问题在满足上述需求层次发生矛盾时，原则上应按照从低到高的顺序依次满足，才能做到真正的人性化。

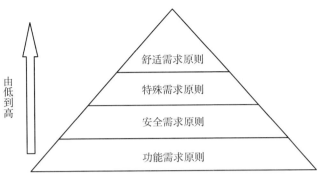

图 3 - 3　道路设施人性化规划的原则

3.2.1.1　功能需求原则

满足既定的交通功能是道路设施人性化规划的首要原则，一个道路交通系统无论多么符合人性化的要求，如果不能满足既定的交通功能，道路使用者就不会去使用相关道路设施，该道路设施的存在就是多余，指导道路设施建设的交通系统就不能称之为人性化交通系统。在道路设施人性化规划所遵循的原则当中，功能需求原则最为基础，也最为重要。道路设施只有满足了既定的交通功能，道路使用者才有可能去追求更高层次的需求。

3.2.1.2　安全需求原则

道路设施满足了既定的交通功能之后，道路使用者在通行过程中就会追求交通安全。人身安全是道路使用者考虑的首要因素，安全是人们能生存下去的基本条件，道路使用者在通行过程中，安全性需要已经上升到了不可替代的地位。在街道中的任何时刻、任何地点，人们都需要一个能受到保护的空间。道路使用者穿越拥挤街道时必须要左顾右盼地顾及穿梭而过的车辆，正是危险和不安定的感觉在特定情况下起着决定性的作用，所以在道路设施人性化规划中将安全需求原则提到重要位置，充分考虑道路使用者对于安全的心理感受。

3.2.1.3　特殊需求原则

道路设施人性化规划的特殊需求原则是指在道路设施规划时，充分考虑道路使用者中特殊群体的需要，例如，残疾人、老人和儿童等。道路使用者中的特殊群体有不同于一般道路使用者的特殊需求，满足这部分道路使用者的特殊需求，体现交通系统中以人为本的核心理念。老人由于年龄的原因，行动迟缓吃力，儿童注意力不集中，力量弱小，道路设施人性化规划要充分考虑老人和儿童的行动特征，满足这部分人各种需求；相对而言，残疾人的活动频率要低，但是适当的活动更有利于他们的身心健康，他们对活动场所往往有不可替代的特殊要求，而这些要求对于弱势人群而言往往是关系到他们的生活乃至生存问题。目前规划设计领域中广泛流行的无障碍设施，就是考虑到残疾人行动不便的特殊需要而设置的。

3.2.1.4　舒适需求原则

道路设施人性化规划的人性化需求原则是指在道路设施规划时，不仅要考虑道路设施的功能需求、安全需求和特殊需求，还要让道路使用者在通行过程中感受到便捷和舒适，舒适需求是除了功能需求、安全需求和特殊需求以外更高层次的需求，包括公平、和谐、效益原则。一个良好的人性化道路交通系统首先要满足既定的功能需求，其次还要考虑所有人的在通行过程中的人身安全，并且要考虑特殊人群心理和生理需求，最后还要考虑通行过程便捷、舒适，使交通使用者感到身心愉悦，这是人性化道路交通系统之所以称为人性化的核心所在。

3.2.2　交通设施人性化规划目标

随着生活质量、科学技术的不断提高人们对出行质量的要求也越来越高，由此推动了城市交通的不断发展。建立满足人性化需求的城市道路交通系统，应该成为现代山地城市道路交通人性化规划的目标和归宿。道路设施人性化规划的目标可归结为安全性、关怀性、便捷性和舒适性。

3.2.2.1　安全性

道路使用者在通行过程中，安全是道路设施人性化要考虑的重要因素，构建人性化的城市交通生命线，"安全第一"这一永恒不变的主题。安全性作为交通系统的首要目标，在指导道路设施建设时，确保道路使用者在通行过程中的安全。

3.2.2.2　关怀性

关怀性体现在满足人们对道路设施最基本的要求（道路能满足行人和车辆通行，即道路设施的规划设计应实现其最基本的交通功能，满足出行者基本的生理特性）之外，还要对特殊人群予以特殊关怀。老年人、儿童和残疾人在生理上与一般人有一定的区别，根据其生理特点进行设计，使他们能顺利地使用道路设施，参加社会生活，体现社会对他们的人文关怀。

3.2.2.3　便捷性

便捷性是道路使用者在通行过程中考虑的又一目标，当前的社会是与时间赛跑的社会，节约时间就等于创造效益。便捷性目标则是指人性化的城市交通应满足居民以多种方式出行的需要，并且不同的交通方式之间有很好的衔接。

3.2.2.4　舒适性

城市交通要确保人行、车行舒适，城市交通要通过其自在的物理性能与人发生关联的同时对人的心理产生积极的影响，促进人的心理健康。道路设施的使用者对交通的整体感受应是积极向上令人愉悦的，这样才会感到作为交通参与者的快乐，工作效率才会最佳，生活质量也随之提高。

3.3　山地城市道路交通人性化规划的评价与方法

3.3.1　评价原则

3.3.1.1　全面与客观

山地城市道路交通人性化规划的评价，应当从其各方面的影响因素出发，全面考察山地城市道路交通人性化规划的人性化水平，力求评价能客观地反映现实。在分析论证过程中所依据的数据资料应真实可靠，尽可能体现客观对象的本来面目，得出的评价结论和总结的经验应经得起实践的推敲和检验，要有益于指导将来人性化城市交通的建设工作。

3.3.1.2　同一与可比

在对同一时间的不同城市、同一城市的不同时间的人性化水平进行评价时，要注意计算方法的一致性，这样得出的结论才具有可比性。

3.3.1.3 定量与定性分析相结合

定量分析，是指对评价指标中能够直接或间接量化的指标进行定量计算和分析。而定性分析是对那些不易量化的间接或无形的影响指标进行分析评价，定性分析内容部分要尽可能客观公正，防止主观片面，应选用一些科学客观的量化方法，将定性指标尽可能定量化。

3.3.2 评价内容

3.3.2.1 交通安全性

建立人性化的城市交通，安全是第一位的内容。安全分绝对指标和相对指标，绝对指标包括事故次数、死亡人数、受伤人数、直接经济损失等，该类指标在一定程度上的确可以反映城市交通的安全性，但是缺乏可比性。相对指标包括万车交通事故死亡率、万人交通事故死亡率、交通事故致死率、亿车千米事故率、综合事故率等，以评价交通量对交通安全的影响。该组相对指标，可综合反映交通工具的先进性、道路状况及交通管理水平等。

3.3.2.2 便捷性

交通的便捷和畅通是衡量城市交通人性化的另一重要标准。只有便捷畅通的交通才能让城市交通参与者感觉到舒适和愉悦。当然，城市交通的参与者不仅包括机动车辆，还包括行人与非机动车。因此，在考虑城市交通的便捷和畅通时，除考虑机动车道的畅通性要求外，还要考虑人行道和自行车道等非机动车道的便捷性，其中最主要还是看机动车的行车速度，应重点考察和机动车通行便捷相关的指标。评价城市交通便捷性的指标通常有速度指标，如路网平均车速、地点平均车速时间指标，如交叉口平均延误、路段平均延误、路口平均等待时间行程指标，如单车平均出行距离、平均无效出行距离流量指标，如交通流密度、流率、路网负荷度，等等。

3.3.2.3 环境适应性

环境适应性指的是城市交通对环境的影响。当机动车在公路上行驶时，会产生汽车尾气、噪声、震动等问题，给城市环境带来污染和破坏。而且，随着社会的进步和经济的发展，道路交通流量水平会随之大幅度提高，道路交通的负产品—噪声和汽车尾气对人们的生活环境以及自然生态环境将产生更大的压力。而且，随着社会的进步，社会对减少污染的要求也越来越高。城市交通的建设者和管理者，如果能够尽可能多地建设更加优美宜人的环境，如提高道路绿化水平、降低环境污染等，是可以给交通的参与者更加舒适的感受，这当然也是城市交通人性化的一个方面，而且具有重要的战略意义。对城市交通生态性评价指标通常有污染物排放量、噪声强度、震动强度等。

3.3.2.4　城市交通参与者的满意度

人性化的城市交通不仅仅要考虑上述三个客观因素，而且必须将交通参与者对于城市交通的总体主观感觉纳入考虑的范围。人的满意，应是交通发展的首要目标。事实上，前述三个方面水平的提高当然会带来更大的满意度，但是客观指标与主观的感受有一定的实际差异，在某些情况下甚至是冲突的，比如，为了安全起见，必须对在城市道路上行驶的机动车辆进行限速，如千米小时，但是这对于交通参与者中的司机肯定会带来一定程度上的不满意，这就需要主观指标来补充。

需要指出的是，上述前三类因素均属客观因素，而满意度的评价则属纯主观的内容。因此，可以说，人性化山地城市道路交通人性化规划的评价指标主要有主观和客观两大类组成。在下面的具体评价中，也是按照这两方面展开的。人性化山地城市道路交通人性化规划评价指标体系的构建。

3.3.3　评价指标

3.3.3.1　指标设置原则

（1）科学性。指标体系一定要建立在科学的基础上，即指标的选择、指标权重系数的确定、数据的选取、计算与合成必须以公认的科学理论统计理论、系统理论、管理与决策科学理论等为依据，具体指标能够反映人性化山地城市道路交通人性化规划内涵或目标的实现程度，这样才能保证评价结果的真实性和客观性。

（2）全面性。所选择的指标应当能够比较全面地反映人性化山地城市道路交通人性化规划的水平、能力等各个方面，既不遗漏任何重要的指标，也不要把那些不能反映事物本质的指标纳入进来，简练又比较全面。

（3）代表性。指标体系应该是简易性与复杂性的统一。过于简单，不能反映评估对象的内涵，对评价结果的精度产生影响过于复杂则不利于评价工作的正常开展。在保证精度的条件下，指标体系应该难易适中，充分考虑指标量化及数据取得的难易程度和可靠性，尽量利用现有的统计资料和有关规范标准，选择那些有代表性的，反映城市化、现代化的综合指标和主要指标，这样也有利于指标体系的推广。

（4）可操作性。所有的科学研究最终是为现实情况服务的，那么选取的指标也应当最终能够应用到实际情况中来。对于考量人性化山地城市道路交通人性化规划的指标也一样，最终将要在实际情况中得以应用，在将搜集到的数据放入所建立的模型中的时候，应当能够得到具有实际应用意义的结论来指导将来的工作。

（5）可比性。可比性原则反映了评价指标的敏感性程度。所选用的评价指标应具有较高的敏感性，能客观反映出不同管理方案下所取得的效果的差异，从而为改善城市交通组织与管理水平提供决策支持。对于敏感性程度较低的评价指标，由于其前后变化以及在不同方案中的变化很小，对决策支持意义不大，所以在选用时应尽量避免。同时由于时间连续性和区域的差异性，选取的指标应当既可以比较不同时间指标的变化，也可以在不同地区之间以及不同阶段进行同一指标的比较。

3.3.3.2 指标体系构建方法

指标体系构建的方法经常采用分析法。分析法，是指将人性化山地城市道路交通人性化规划的评价总目标按逻辑分类向下划分成若干个不同组成部分或不同侧面，即子目标，再把各子目标逐步细分，形成各级分目标或准则，直到每一个部分都用具体的定量或定性指标来描述和实现。该方法是构造综合评价指标体系最常用、最基本的一种方法，有三个基本步骤。

（1）分解总目标。对人性化山地城市道路交通人性化规划的评价问题概念的外延及内涵做出合理分析，明确其各侧面结构，确定评价的总目标及各子目标。对人性化山地城市道路交通人性化规划的评价，首先应在明确什么是人性化的城市交通、它表现为哪几个方面等问题的基础上，再进行逻辑概念方面的划分。在这里，不妨以从改善安全性、增加便捷能力、减少环境污染、改善交通参与者满意性等几个方面划分人性化城市交通这一基本概念结构。以上概念的划分实际上是把评价总目标分解为各子目标或准则的过程，其分解结构用图3-4来表示。

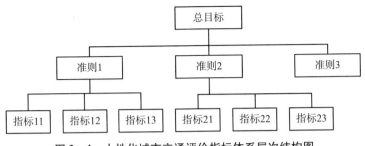

图3-4 人性化城市交通评价指标体系层次结构图

（2）分解子目标。对各个子目标或侧面再进行分解，依此类推，直到每一个子目标或侧面都可以直接用明确的指标表示。

（3）构建指标体系。设计和确定指标层中的各个指标。需要指出的是，最后形成的综合评价指标体系的层次结构应该是树形结构，对于少数个别网状的层次结构，需通过扩充和调整某些子目标的方法使之树形化。另外，层次分析法构建出来的综合评价指标体系，其构成指标一般都能够较好地满足独立性。

3.3.3.3 评价指标内容

（1）安全性评价指标。开展人性化道路交通安全性评价问题的研究，建立符合我国国情的科学的评价体系，借以正确评价我国交通安全的总体水平和各地区的交通安全水平，以期制定合理的、科学的安全对策，对于建立现代化、人性化的城市交通体系，具有重要理论价值和现实意义。

我国在城市交通安全宏观管理方面一直沿用事故次数，死亡人数，受伤人数，直接经济损失四项指标。该四项指标对于静态评价某地区，某时期的交通安全是有一定意义的，但是它没有考虑不同地区交通因素总量的差异，以及同一地区交通因素的变化，因此缺乏可比性。应当从整体出发，立足于事故前、事故中、事故后这一全过程来分析交通安全评价问题，建立由若干指标构成的相互联系的综合评价指标体系，以做到客观公正地评价交通安全状况。

城市交通安全性评价指标体系应具备两种功能，一是认识功能，即该指标体系应能使管理部门认识辖区内交通事故的总体规模和危害程度，引起重视；二是激励功能，即管理部门可以根据指标判断辖区内交通事故的发展趋势，本辖区与相关区域之间管理水平上的差距，激励管理部门寻求改善管理水平的途径，以求建立更加安全的城市交通体系，最大限度地提高出行车辆和行人的满意度。

根据评价指标的功能分析和交通因素的系统分析，道路交通安全性综合评价指标体系应包括三类指标事故总量指标、事故率指标以及管理水平指标。前两类指标是向管理部门提供认识功能，而第三类指标则主要是提供激励功能。三类指标是一个相互联系的整体，是进行事故宏观分析和宏观管理的依据。其中，总量指标虽然是比较粗略的指标，但它是一切其他指标的数据基础。综合评价指标体系的结构如图 3 - 5 所示。

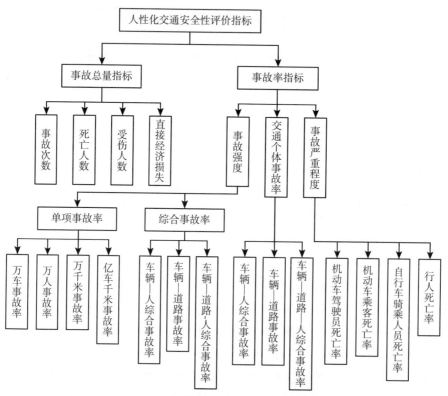

图 3 - 5　道路交通安全性评价指标体系

相关指标具体如下：

①事故总量指标。事故总量指标即事故次数、死亡人数、受伤人数和直接经济损失项指标，该四项项指标均是绝对量，是某地区、某时期通常相应绝对量的总和，可以直观地、粗略地反映统计区域该时期内交通事故的总体规模和危害程度。

如果用 A 表示全部 4 项指标，则有：

$$A = \begin{bmatrix} a_{11} & a_{12} & \cdots & a_{1n} \\ a_{21} & a_{22} & \cdots & a_{2n} \\ \vdots & \cdots & \cdots & \cdots \\ a_{m1} & a_{m2} & \cdots & a_{mn} \end{bmatrix} \tag{3.1}$$

其中，a_{ij} 表示 j 地区第 i 项指标的绝对量。

②单项事故率。该指标是各事故总量与各交通因素总量之比。例如，每万辆注册车辆事故率、每万人口事故率，每百万辆车事故率，每亿运行千米事故率等。若用 R 表示单项事故率则有：

$$R = \begin{bmatrix} r_{11} & r_{12} & \cdots & r_{1n} \\ r_{21} & r_{22} & \cdots & r_{2n} \\ \vdots & \cdots & \cdots & \cdots \\ r_{m1} & r_{m2} & \cdots & r_{mn} \end{bmatrix} \tag{3.2}$$

式中，r_{ij} 表示 j 地区第 i 项指标的相对量。其中 $r_{ij} = \dfrac{a_{ij}}{F_{ij}}$，$a_{ij}$ 表示 j 地区第 i 项指标总量，F_{ij} 表示 j 地区第 i 项因素总量。

此外，还有按交通个体考察的指标，如，各类驾驶员事故率、各类机动车事故率、自行车事故率和各类驾驶员死亡率、机动车乘员死亡率、骑自行车人死亡率、行人死亡率等，它们都是单项事故率的细化，分别用于统计不同交通个体的事故发生率和事故死亡率。

1）千米事故率。千米事故率，即平均每千米的事故数，也称事故频数。由于将公路长度作为考虑因素，使事故次数更具有可比性，是仅次于事故次数的基础指标，用于反映城市交通安全事故的发生频度。其计算公式为：

$$P = D/L \tag{3.3}$$

式中，P 为千米事故率，D 为某一里程上的事故数，L 为该段里程的长度。

2）万车事故率。万车事故率是指城市平均每万辆机动车年交通事故次数。用于反映城市交通安全设施建设和道路安全管理效果。其计算公式为：

$$P = D/N \tag{3.4}$$

式中，P 为万车事故率，D 为某城市某段时间内的交通事故次数，N 为某城市机动车保有量。

3）万人事故率。万人事故率是指城市按人口所平均的交通事故数含死亡人数、受伤人数、直接经济损失。城市平均每万辆机动车年交通事故次数。用于反映城市交通事故的人身伤害程度。其计算公式为：

$$P = D/A \qquad (3.5)$$

式中，P 为每万人交通事故率，D 为事故数量，A 为城市人口总数。

4）亿车千米事故率。亿车千米事故率，是指城市按所有机动车行驶一年的千米数总和所平均的交通事故数或伤亡、人数。用于反映城市交通运行状态下的事故程度。其计算公式为：

$$P = D/R \qquad (3.6)$$

式中，P 为一年间每亿车千米事故数，D 为城市一年内发生的事故，R 为城市一年内总运行车千米数。

5）万车交通事故死亡率。万车交通事故死亡率，是指平均每万辆机动车所发生的交通事故死亡人数。用于描述交通事故的惨烈程度。其计算公式为：

$$P = D/M \qquad (3.7)$$

式中，P 为万车事故死亡率，D 为某城市某段时间内由交通事故引起的死亡总人数，M 为某城市机动车保有量。

6）交通事故直接经济损失。交通事故直接经济损失，是指平均在每起交通事故中产生的直接经济损失。用于通过财产损失描述交通事故的严重程度。其计算公式为：

$$P = S/D \qquad (3.8)$$

式中，P 为每起交通事故的平均财产损失，S 为某城市某段时间内由交通事故引起的总的财产损失，D 为某城市某段时间内的交通事故总数。

③综合事故率。综合事故率是考虑交通因素中人，车，路综合影响的指标。包括车辆—人口综合事故率，车辆—道路综合事故率，车辆—道路—人口综合事故率，各综合指标中均包含车辆因素。用表示综合事故率总体则有：

$$K = \begin{bmatrix} k_{11} & k_{12} & \cdots & k_{1n} \\ k_{21} & k_{22} & \cdots & k_{2n} \\ \vdots & \cdots & \cdots & \cdots \\ k_{m1} & k_{m2} & \cdots & k_{mn} \end{bmatrix} \qquad (3.9)$$

式中，K 为地区、第 k_{mn} 项事故率指标。

用 K_{VP}，K_{VL}，K_{VLP}，分别表示车辆—人口，车辆—道路，车辆—道路—人口事故率，可用经验公式计算如下：

$$K_{VP} = \frac{D_e}{\sqrt{P \times V_e}} \qquad (3.10)$$

$$K_{VL} = \frac{D_e}{\sqrt{V_e \times L_e}} \qquad (3.11)$$

$$K_{VP} = \frac{D_e}{\sqrt{P \times V_e \times L_e}} \qquad (3.12)$$

式中，D_e 为当量死亡人数，是重伤、轻伤人数折算成死亡人数后的加权平均和；V_e 为当量机动车数，是各种车辆折算成标准汽车的加权平均和；L_e 为当量道路里程，考虑地理条件修正系数和道路级别修正系数后的道路里程；P 为统计区人口数。

（2）便捷性评价指标。人性化的城市交通当然要考虑交通参与者的出行便捷性，包括机动车和行人的便捷性都是考虑的范围。反映便捷性常用的指标有速度指标（如路网平均车速、地点平均车速）、时间指标（如交叉口平均延误、路段平均延误、路口平均等待时间）、行程指标（如单车平均出行距离、平均无效出行距离）和流量指标（如交通流密度、流率、路网负荷度）等。对几种代表性的指标进行描述，具体如下。

①机动车行车速度指标。机动车的行车速度是车辆运营效率的一项重要指标，对交通迅捷、经济、舒适、安全具有重要意义。由于平均数常常是表示数据集中特性的数值，所以车速选用两个平均值，即时间平均车速、区间平均车速。我国的《城市道路交通设计规范》规定，人口超过万人的大城市快速路的机动车设计速度为 80 千米/小时，主干道机动车设计速度为 60 千米/小时。

在确保安全和非机动车及行人通行权力的情况下，较快的机动车速度能提高城市运转效率和机动车使用者的满意度。在评价一个交通系统的运行状况时，速度这一指标是不可缺少的，它反映了道路使用者对快速性的要求，更大程度地满足出行者对速度的要求，可以极大地提高人们对城市交通的满意度。

a. 时间平均车速。时间平均车速，是指在单位时间内测得通过道路某断面各车辆的地点车速的算术平均值。用于通过断面的时间平均车速反映交通畅通程度。其计算公式为：

$$\bar{v}_t = \frac{1}{n} \sum_{i=1}^{n} v_i \qquad (3.13)$$

式中，$\bar{v}_t$ 为时间平均车速；v_i 为第 i 辆车的地点车速；n 为单位时间内观测到车辆总数。

b. 区间平均车速。区间平均车速是指在某一特定瞬间，行驶于道路某一特定长度内的全部车辆的车速分布的平均值。用于通过路段车速观测值的调和平均数反映交通畅通程度。其计算公式为：

$$\bar{v}_s = \frac{1}{\frac{1}{n} \sum_{i=1}^{n} v_i} = \frac{ns}{\sum_{i=1}^{n} t_i} \qquad (3.14)$$

式中，$\bar{v}_s$ 为区间平均车速；S 为路段长度；v_i 为第 i 辆车的行驶速度；t_i 为行驶时间；n 为行驶于路段的车次数。

c. 路网平均车速。路网平均车速，是指城市一定路网区域内机动车的平均行驶速度。用于通过路网平均车速反映一定区域内城市交通的总体机动性。其计算公式为：

$$P = L/T \tag{3.15}$$

式中，P 为路网平均车速；L 为路网长度；T 为机动车在路网类运行时间。

d. 主干道平均车速。主干道平均车速，是指城市建成区主干道上机动车的平均行驶速度。用于评价一定区域内城市交通的总体机动性。其计算公式为：

$$P = M/T \tag{3.16}$$

式中，P 为主干道平均车速；M 为主干道长度；T 为机动车运行小时数。

e. 交叉口等待时间。交叉口等待时间，是指信号交叉口各流向所有车辆等待时间的加权平均值。用于评价交叉口运行质量。这一指标其实对于机动车和非机动车及行人都是适用的，但是从指标的计算方面来看，通过测算机动车来实现对指标的计算更加便利。其计算公式为：

$$\bar{w} = \sum_{i=1}^{n} \omega_i \times w_i \tag{3.17}$$

式中，$\bar{w}$ 为第 i 个流向的平均等待时间；ω_i 为第 i 个流向的权重，根据相交道路的等级和功能来确定；w_i 为交叉口的交通流流向数。

f. 平均行车延误。平均行车延误，是指主、次干道行车延误与行驶里程的比值。用于评价路网的整体性能和城市交通管理的效率及水平。其计算公式为：

$$t = \frac{T - L/V}{L} \tag{3.18}$$

式中，t 为平均行车延误时间；L 为道路长度；L 为实际行车时间；V 为该路段设计速度。

g. 单车平均出行时间。单车平均出行时间，是指一定的路网范围内的车辆完成一次出行所花费的行程时间平均值。用于评价路网的可达性。其计算公式为：

$$P = T/n \tag{3.19}$$

式中，P 为单车平均出行时间；T 为路网总车小时数；n 为路网车辆出行车次数。

②交通通达性指标：

a. 道路网密度。道路网密度，是指城市道路长度与面积的比值。用于评价城市道路的供应水平。其计算公式为：

$$A = L/S \tag{3.20}$$

式中，A 为道路网密度；L 为道路长度；S 为城市面积。

b. 人均道路面积。人均道路面积，是指城市拥有的道路面积与城市人口的比值。用于评价城市道路的供应水平。其计算公式为：

$$B = S/P \tag{3.21}$$

式中，B 为人均道路面积；S 为道路面积；P 为城市人口。

c. 路网各点的可达性。路网各点的可达性，指的是从城市中某一点到达另一接点的难易程度。用于评价城市道路的方便水平。其计算公式为：

$$\bar{t}_i = \frac{\sum_{j=1}^{n} t_{ij}}{n} \tag{3.22}$$

$$\bar{d}_i = \frac{\sum_{j=1}^{n} d_{ij}}{n} \tag{3.23}$$

式中，n 为路网总接点数；$\bar{t}_i$ 为该点到网中所有各点的平均出行时间；$\bar{d}_i$ 为该点到网中所有各点的平均出行距离。

d. 非直线系数。非直线系数，是指城市中两节点间的实际道路长度与两点间直线距离的比值。用于评价城市道路的方便程度。其计算公式为：

$$r_s = \frac{2 \sum_{i=1}^{n} \sum_{j=i+1}^{n} r_{ij}}{n \times (n-1)} \tag{3.24}$$

$$r_d = \frac{2 \sum_{i=1}^{n} \sum_{j=i+1}^{n} r_{ij} \times t_{ij}}{\sum_{i=1}^{n} \sum_{j=i+1}^{n} t_{ij}} \tag{3.25}$$

式中，分别为静态综合非直线系数和动态综合非直线系数；为两区间的非直线系数；为由区到区的量为交通小区数量。

③行人与非机动车方便性指标：

a. 人均人行道路面积。人均人行道路面积，是指城市拥有的人行道路面积与城市人口的比值。用于评价城市人行道路的供应水平。其计算公式为：

$$P = S/A \tag{3.26}$$

式中，P 为人均人行道路面积；S 为人行道路面积；A 为城市人口。

b. 自行车负荷系数。自行车负荷系数，是指所评定路段高峰小时自行车交通量与该路通行能力的比值。用于评价自行车的通行水平。其计算公式为：

$$T = N/C \tag{3.27}$$

式中，T 为自行车负荷系数；N 为路段上高峰小时自行车交通量；C 为路段上自行车的通行能力。

c. 自行车速度比例系数。自行车速度比例系数，是指实际状态下自行车骑行速度与自由状态理想状态下骑车人实际选择的舒适理想的行车速度的比值。用于评价骑自行车的舒适水平。其计算公式为：

$$M = V_S / V_P \tag{3.28}$$

式中，M 为自行车速度比例系数；V_S 为实际状态下的骑行速度；V_P 为理想条件下骑行者所选择的速度。

（3）生态性评价指标。城市交通对环境的影响，主要是指机动车在道路上行驶时，所产生的汽车尾气、噪声、震动等，给城市环境带来了污染和破坏，同时也降低了交通参与者的舒适度和满意度。对城市交通生态性评价的指标主要是反映污染物排放量、噪声、震动强度等方面的指标。

①大气污染指标：

a. 空气污染指数。空气污染指数，是指根据环境质量标准和各种污染物的生态环境效应及其对人体健康的影响来确定污染指数的分级数值及相应的污染物浓度限值。用于评价一定区域内空气的污染程度。其计算公式为：

$$API = Max(I_1, I_2, \cdots, I_m, \cdots, I_n) \tag{3.29}$$

式中，I_m 为第 m 种污染物的浓度指数。

b. 道路两侧污染物排放平均浓度。道路两侧污染物排放平均浓度，是指根据交通大气污染物排放预测技术预测出的不同道路交通和环境条件下道路两侧的一氧化碳、氮氧化物平均扩散浓度。用于评价城市道路的空气污染程度。其计算公式为：

$$\overline{C_{CO}} = \frac{\sum_{i=1}^{n} C_{COi} \times L_i}{\sum_{i=1}^{n} L_i} \tag{3.30}$$

$$\overline{C_{NO_X}} = \frac{\sum_{i=1}^{n} C_{NO_Xi} \times L_i}{\sum_{i=1}^{n} L_i} \tag{3.31}$$

式中，$\overline{C_{CO}}$ 为 CO 的平均扩散浓度；C_{COi} 第 i 条干道 CO 的平均扩散浓度；$\overline{C_{NO_X}}$ 为 NO_X 的平均扩散浓度；C_{NO_Xi} 第 i 条干道 NO_X 的平均扩散浓度；L_i 为第 i 条干道里程；n 为干道条数。

c. 干道交叉口污染物排放超标率。干道交叉口污染物排放超标率，是指城市中超过国家颁布的城市大气污染物 CO 和 NO_X 的浓度限值标准的干道（交叉口）数与城市总的干道（交叉口）数的比值。用于评价城市干道交叉口的空气污染程度。其计算公式为：

$$P = \frac{N_t}{N} \tag{3.32}$$

式中，N_t 为污染物排放超标干道总里程（交叉口总数），N 为干道总里程（交叉口总数）。

d. 尾气污染物排放量。尾气污染物排放量，是指城市中各种型号汽车所排放的尾气中各种污染物质量的加权平均值。用于评价城市中机动车尾气所造成的污染程度。其计算公式为：

$$P = \sum_{i=1}^{n} \omega_i \times f(V_i) \tag{3.33}$$

式中，$f(V_i)$ 为第 i 种车型对应速度的尾气污染物排放量函数；ω_i 为第种车型的权重在车流中的比重；V_i 为第种车型的平均速度。

e. 道路交通大气污染饱和度。道路交通大气污染饱和度，是指机动车排放的大气污染总量与城市大气污染允许排放总量的比值。用于评价整个城市由于道路交通而造成的大气污染严重程度。其计算公式为：

$$S = \frac{V_0}{C_0} \tag{3.34}$$

式中，V_0 为机动车排放的大气污染物总量；C_0 为控制时间内城市污染物允许排放总量；该公式中，城市道路网络级服务水平条件下机动车排放的大气污染物总量可表示为：

$$V_O = E_p^i \times \overline{L} \times N \tag{3.35}$$

式中，V_0 为机动车排放的大气污染物总量；E_p^i 为城市道路级服务水平条件下当量小汽车类污染物综合排放因子；$\overline{L}$ 为当量小汽车日均运行里程；N 为当量小汽车总量。

控制时间内城市污染物允许排放总量可表示为：

$$C_O = q \times s \times T \tag{3.36}$$

式中，C_O 为控制时间内城市污染物允许排放总量；q 为源强；s 为城区面积；T 为控制周期时长。其中，q 的简化计算公式为：

$$q = \frac{C_s \times u \times h_i}{\sqrt{s}} \tag{3.37}$$

式中为，C_s 污染物地面积浓度限值；C_s 为城市主导风速；h_i 为城市混合层高度。

②噪声污染指标。城市交通带来的噪声污染是城市污染的重要组成部分，为降低由于城市车辆的增加而产生的污染，越来越多的城市在城市中心区域采取了禁止鸣笛的措施。

a. 干道交叉口交通噪声超标率。干道交叉口交通噪声超标率，是指以干道两侧交叉口交通噪声限值为标准，如交通干道两侧交叉口白天噪声不大于 70 分贝，夜间不大于 55 分贝。用城市中超过限值标准的干道里程（交叉口数量）与城市总的干道里程（交叉口数量）的比值来评价城市干道交叉口的噪声污染程度。其计算公式为：

$$P = \frac{M_t}{M} \tag{3.38}$$

式中，M_t 为噪声超标干道里程（交叉口）总数；M 为干道里程（交叉口）总数。

b. 道路交通噪声长度加权平均等效声级。道路交通噪声长度加权平均等效声级，是指城市内经认证的交通各路段监测数据，按其长度加权的等效声级平均值。其计算公式为：

$$L_{Aeq} = 10\lg\Big[\sum_{j=1}^{m} \sum_{i=1}^{n} \Big(\frac{\theta_{ij}}{R_j v_{ij}} \times 10^{0.1/L_{ij}} \Big) \Big] - 33 \tag{3.39}$$

$$L'_{Aeq} = L_{Aeq} + 10\lg \frac{\theta}{\pi} \tag{3.40}$$

式中，L_{Aeq} 为无限长道路 p 点处等效声级；L'_{Aeq} 为有限长道路 p 点处等效声级；为车道数；m 为车型数；n 为第 j 车道 i 类车流量；θ_{ij} 为第 j 车道到测试点距离；R_j 为第 j 车道 i 类车平均车速；L_{ij} 为第 j 车道 i 类车平均等效声级；θ 为测试点对有限长道路的张角。

（4）满意度评价指标。对城市交通的满意度情况分析，具有较强的主观性，通常采用问卷访谈的形式进行分析。通常调研交通参与者，在安全性、便捷性、生态性、城市交通的管理水平、执法水平、城市交通人性化细节等方面的满意度分别进行问卷调查。

在数据的处理上，可以将交通参与者的满意度分为很满意、满意、基本满意、一般、不满意等档，分别打分。

计算时既可以采取加权平均的方法，也可以采取直接打分的方法，以 100 分为满分，请交通参与者分别对安全性的满意度、对便捷性的满意度、对生态性的满意度等方面来打分，计算时采取简单直接平均的办法。其计算公式为：

$$P = \frac{\sum_{i=0}^{n} p_i}{n} \tag{3.41}$$

式中，P 为各指标得分，p_i 为每个参与调查者的给分情况，n 表示参与调查的人数。

3.3.3.4 建立评价指标体系

采用德尔菲（Delphi）法从大量的指标中间选取具有代表性意义的指标来对

城市交通的人性化进行评价，德尔菲法作为一种反馈匿名专家咨询方法，基本原理是以调查征询的形式向选定的专家提出一系列问题，并汇总整理专家意见。每完成一次提问和回答的过程称为一轮，将上轮咨询所得意见的一致程度和各位专家的不同观点等信息，匿名反馈给每一位专家，再次征询意见。如此反复多次，使意见趋于一致。它是一种利用函询形式的集体匿名思想交流过程。具体过程如图 3－6。

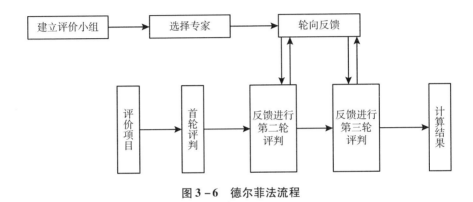

图 3－6　德尔菲法流程

（1）指标分类。按照德尔菲法，经专家咨询后整理得到以下分类的指标：

①反映城市交通的安全性指标：

绝对指标：a. 事故次数；b. 死亡人数；c. 受伤人数；d. 交通事故直接经济损失；e. 交通事故折合经济损失。

相对指标：f. 万车事故率；g. 万人事故率；h. 千米事故率；i. 亿车千米事故率；j. 万车交通事故死亡率；k. 综合事故率。

②反映城市交通的便捷性指标：

速度指标：a. 主干道平均车速；b. 自行车速度比例系数；c. 区间平均车速；d. 路网平均车速；e. 自行车负荷系数；f. 时间平均车速。

时间指标：g. 交叉口等待时间；h. 平均行车延误；i. 单车平均出行时间。

道路指标：j. 道路网密度；k. 人均道路面积；l. 人均人行道路面积；m. 路网各点可达性；n. 非直线系数。

③反映城市交通的生态性指标：

空气指标：a. 污染物排放量；b. 污染物排放浓度；c. 污染物排放超标率；d. 大气污染饱和度；e. 空气污染指数。

噪声指标：f. 交通噪声超标率；g. 噪声强度。

④交通参与者对于城市交通满意度指标。

（2）筛选重点指标。在得到上述指标后，汇总反馈给专家，请他们再次打分，并且有针对地在每一类指标中重点选出三到四个指标，剔除重复意义的指标。并请他们对指标提出自己的看法，是否存在更加科学的指标等等。并对结果进行计算，采用算术平均法操作，其公式为：

$$v_j = \frac{1}{m_j} \sum_{i=1}^{m_j} x_{ij} \qquad (3.42)$$

式中，v_j 为第 j 类指标的汇总得分值，m_j 为第 j 类指标数量，x_{ij} 为第 j 类中第 i 个指标得分值。

（3）确定代表指标。在进行筛选后，要将上述过程的结果再次匿名反馈给每一位专家，再次征询意见，使意见趋于一致。最终，根据专家们对反馈的指标的再次评分的结果进行处理，方法与上一步一致。经过以上步骤，我们得到了如图3-7所示的指标体系。

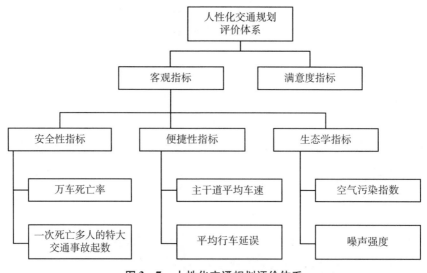

图3-7　人性化交通规划评价体系

3.3.3.5　评价指标的量化

在确定了每一个代表指标的计算方法之后，需要确定一个标准来测量代表指标的分值，以便于在实证环节对城市交通的人性化发展水平进行定量计算和比较。对已有的相对权威和较广泛应用的分级评价办法，应予沿用，对目前尚无相对权威和较广泛应用的分级评价办法的，也应根据实际需要予以分析确定。

（1）安全性评价指标的量化。

①万车事故率的分级计算。

万车死亡率是全市平均每万辆机动车的年交通事故死亡人数，是衡量一定机动化水平下的交通事故死亡情况的重要指标，是道路交通安全设施建设、道路交通安全管理效果的综合反映。具体指标如表3-1。

表3-1　　　　　　　　　　　万车死亡率分级

评价标准等级	一	二	三	四	五
万车死亡率	[5, 2]	[8, 5)	[12, 8)	[16, 12)	[30, 16)
指数	[90, 100]	[80, 90)	[70, 80)	[60, 70)	[0, 60]

②一次死亡多人的特大交通事故起数。

特大交通事故起数是衡量交通安全管理水平的重要指标，同时也体现预防重特大交通事故的成效。分级指数如表3-2所示。

表3-2　　　　　　　　　一次死亡多人的特大交通事故起数分级

评价标准等级	一	二	三	四	五
交通事故起数	[0, 3]	4	5	6	≥7
指数	[90, 100]	[80, 90)	[70, 80)	[60, 70)	[0, 60]

（2）便捷性评价指标的量化。

①主干道平均车速的分级计算。

表3-3中从A～E的各个等级，反映的是路段交通流由相对自由到稳定到不稳定、驾驶员行为的自由度和方便性由好到差的状态。等级A反映的是路段的交通运行处于相对自由的交通流状态，驾驶员能够基本不受其他道路使用者的影响，自由选择车速；等级B反映的是一种稳定的交通运行状态，车速开始受到限制，某些驾驶员的行为会对交通流产生细微的影响；等级C反映的是较稳定的交通流，车速和机动性开始受到车流量的较大影响，大多数驾驶员在选择行车速度、改变车道或超车等方面的自由度受到限制；等级D反映的是接近不稳定车流，尚能勉强维持需要的车速，驾驶员操纵自由度已经很小，舒适性和方便性较差；等级E反映的是不稳定车流，行车不畅，交通量已接近或相当道路的通行能力。

表3－3　　　　　　　　　高峰时段建成区主干道平均车速分级

评价标准等级	A	B	C	D	E
A 类城市	≥25	[22, 25)	[19, 22)	[16, 19)	[0, 16)
B 类城市	≥28	[25, 28)	[22, 25)	[19, 22)	[0, 19)
C、D 类城市	≥30	[27, 30)	[24, 27)	[21, 24)	[0, 21)
指数	[90, 100]	[80, 90)	[70, 80)	[60, 70)	[0, 60)

城市分类具体标准如下：

A 类城市：特大型城市。市区人口在 500 万以上，建成区面积在 320 平方千米以上，市区 GDP 在 2000 亿元以上；或人口在 200 万以上，建成区面积在 500 平方千米以上，市区 GDP 在 3000 亿元以上。

B 类城市：大型城市。市区人口在 200 万以上，建成区面积在 120 平方千米以上，市区 GDP 在 1000 亿元以上。除拉萨外的 36 个省会及副省级城市类型不低于 B 类。

C 类城市：中型城市。一是地级市的市区人口在 100 万以上，市区 GDP 在 100 亿元以上；或市区人口在 100 万以下，但市区 GDP 在 300 亿元以上。二是拉萨市划为 C 类城市。三是县级市全市 GDP 在 300 亿元以上划为 C 类城市，所有县级市的类型划分不高于 C 类。

D 类城市：其余城市。

②平均行车延误的分级计算，见表3－4。

表3－4　　　　　　　　　　平均行车延误分级得分表

评价标准等级	A	B	C	D	E
A 类城市	[30, 50)	[50, 60)	[60, 70)	[70, 80)	[80, 140)
B 类城市	[20, 40)	[40, 50)	[50, 60)	[60, 70)	[70, 130)
C、D 类城市	[0, 20)	[20, 30)	[30, 40)	[40, 50)	[50, 1100)
指数	[90, 100]	[80, 90)	[70, 80)	[60, 70)	[0, 60)

（3）生态性评价指标的量化。

①空气污染指数的分级计算，见表3－5。

表 3 - 5　　　　　　　　　　　　空气质量分级

空气质量等级	I	II	III	IV	VI
空气质量状况	优	良	普通	不佳	差
API（空气污染指数）	[0, 50)	[50, 100)	[101, 200)	[201, 300)	≥300
指数	[90, 100)	[80, 90)	[70, 80)	[60, 70)	≤60

②城市交通噪声的分级计算。表 3 - 6 中对城市交通噪声的评价可以将当年全国总体城市交通噪声水平作为基准，将某城市的交通噪声水平与之比较，反映相对的水平。2015 年，324 个进行昼间监测的地级以上城市，道路交通噪声平均值为 67.0dB（A）。其中，道路交通声环境质量为一级的城市占 65.4%，比 2014 年下降 3.5 个百分点；二级的城市占 29.6%，比 2014 年上升 1.5 个百分点；三级的城市占 2.8%，比 2014 年上升 1.0 个百分点；四级的城市占 2.2%，比 2014 年上升 1.3 个百分点；无五级的城市，比 2014 年下降 0.3 个百分点。

表 3 - 6　　　　　　　城市道路交通声环境质量评级

评价等级	I	II	III	IV	VI
道路交通噪声长度平均加权等效声级	[0, 68]	(68, 70]	(70, 72]	(72, 74]	≥74
指数	[90, 100)	[80, 90)	[70, 80)	[60, 70)	≤60

（4）满意度评价指标的量化。在专项的满意度调查中设置档，按表 3 - 7 进行分级计算。

表 3 - 7　　　　　　　交通参与者满意度调查得分

评价等级		B	C	D	E
交通参与者评价	很满意	满意	基本满意	一般	不满意
指数	[90, 100)	[80, 90)	[70, 80)	[60, 70)	≤60

（5）城市交通人性化水平量化标准。在数据处理的基础上，我们可以根据计算得到的数据将城市交通人性化水平分优、良、一般、较一般、差五个等级，得到表 3 - 8 的分级得分。

表 3 - 8　　　　　　　　　　城市交通人性化水平分级得分

评价等级	优良	良	一般	较一般	差
指数	[90, 100)	[80, 90)	[70, 80)	[60, 70)	≤60

3.3.4　评价模型

3.3.4.1　模型简介

在得到人性化城市道路交通规划的评价指标体系后，应明确所采用的评价方法。从评价体系本身构成的特点来看，结果相对简单，可以采用线性加权综合法对城市交通发展的人性化水平进行评价，其模型表达式为：

$$U = \sum (\omega_i \times f_i) \tag{3.43}$$

各项指标的权重分配记为：

$$\omega = (\omega_1, \omega_2, \cdots, \omega_i, \cdots, \omega_n) \tag{3.44}$$

其中，U 为综合评价值，即对于人性化的城市交通规划水平的最后评分结果。ω_i 为各指标 f_i 相应的权重系数，即指标层指标对于人性化城市交通的重要性或者是贡献度；f_i 为评价指标，分别为万车交通事故死亡率、一次死亡多人的特大交通事故起数、主干道平均车速、平均行车延误、污染物排放量、噪声强度、交通参与者的满意度；n 为指标个数。

3.3.4.2　评价指标权重的确定

本书采用层次分析法确定城市交通人性化各评价指标的权重。层次分析法（AHP）的基本过程为，首先将复杂问题分解成递阶层次结构，然后将下一层次的各因素相对于上一层次的各因素进行两两比较判断，构造判断矩阵，通过对判断矩阵的计算，进行层次单排序和一致性检验，最后进行层次总排序，得到各因素的组合权重，并通过排序结果分析和解决问题。它可以对非定量事物做定量分析，对人们的主观判断作客观描述。具体指标权重计算本书不做详细介绍，请参考有关书籍。

第4章

山地城市道路交通人性化景观特色规划研究

4.1 山地城市道路交通景观特色基本特点

4.1.1 多样化的交通形式

山地城市的地形特点带来了具有复杂多样的交通类型。由于山地地形的限制，自然山水经常切割或穿越城区，城市道路的组成呈现出水（各种类型的船舶）、陆（包括地上、地下的道路、桥梁、隧洞等）、空（索道等）组成的立体网络（见图4-1），甚至为解决立体交通，还采用了缆车、垂直电梯等特殊的公共交通形式。由此可见，山地城市的交通类型可谓丰富多样，且复杂复合，具有鲜明的山地地域特色。

图4-1 山地城市立体交通

4.1.2　人车分离的交通组织

　　山地城市的道路对于自然山体的等高线而言存在两种形态：顺沿等高线的"横街"和垂直等高线的"竖街"。横街为适应汽车交通要求的坡道，而"竖街"则是联系山上、山下的步行生活空间，即"梯道"。梯道是山地城市与平原城市在路径上最明显的区别之处，它不仅结合地形和使用要求，还使行人免受汽车威胁，不仅是人车分流的良好交通组织形式，还是天然的步行空间（见图 4 - 2）。因而，传统山地城市中多以阶梯、踏步、不规则休息平台以及两边相向而列的民居街坊为构成要素，展现浓郁的乡土情调，营造变换不已的流动空间和强烈的场所感，形成山地城市最具特色的场所环境。

图 4 - 2　山地城市中人行天桥

4.1.3　丰富独特的景观类型

　　由于山地城市具有较大的地形高差，其道路常绕山而行，这就给人们提供了在街道之间或不同标高上观赏城市风貌的可能性；同时山地城市道路类型的多样性，还为人们提供了感受由水上飞艇的快艇、水陆间飞架的桥梁（包括立交桥）、地下的穿山隧洞、空中摇曳的索道、坡上运行的缆车等等组成的立体交通网络体系所带来的动与静的景观对比。另外，在地形复杂地区，为满足街路的通行技术要求及缩短街路长度，方便通行，局部地段需要较大的开挖与填方，这样就出现了许多不同于平原城市的多种类型的挡土墙、堡坎等工程构筑物，也使街路景观更富有特色和魅力（见图 4-3）。

图 4-3　山地城市交通中人行步道

4.2 山地城市道路功能和景观的关系

城市道路既是城市的骨架，又要满足不同性质交通流的功能要求。作为城市交通的主要设施、通道，首先应该满足交通的功能要求，又要起到组织城市用地的作用，城市道路系统规划要求按道路在城市总体布局中的骨架作用和交通地位对道路进行分类，还要按照道路的交通功能进行分析，同时满足"骨架"和

"交通"的功能要求。

按城市骨架分类为：一是快速路；二是主干路；三是次干路；四是支路。

按道路功能的分类：城市道路按功能分类的依据是道路与城市用地的关系，按道路两旁用地所产生的交通流的性质来确定道路的功能。城市道路按功能可分为两类：

（1）交通性道路。根据车流的性质，交通性道路又可分为货运为主的交通干线、客运为主的交通干线、客货混合性交通道路。

（2）生活性道路。生活性道路又可分为生活性干道和生活性支路。

因此，按照城市骨架的要求和按照交通功能的要求进行分类并不是矛盾的，两种分类都是必需的，应当相辅相成、相互协调。两种分类的协调统一是衡量一个城市的交通与道路系统是否合理的重要标志。两种分类协调统一，则道路在兼顾交通功能的同时，也能体现道路的特色。

4.3 山地城市道路景观特色规划存在的问题

目前，山地城市道路在规划设计方面，由于长期受传统思维的影响，一直将城市道路只作为交通性道路进行规划设计，在路网结构上严格按等级进行配置，造成道路建设的特色不足，没能与当地的文化和景观有效结合起来。主要问题如下。

4.3.1　外观上缺乏整体性和连续性

同一条道路、同一座桥梁、同一片区域的变电站和加油加气站、同一条线路的轻轨站等，呈现出不出的外观，给人以零乱感，与周围的建筑外观缺乏协调，缺少整体性。同时，道路两旁的绿化、人行道旁的扶栏等，在外观也缺乏连续性。如图 4 - 4 所示。

4.3.2　附属设施较杂乱

道路附属设施琳琅满目，神态各异。道路中候车亭、灯箱广告、路灯、道路标志标牌等各成系统，形式上及色彩上未作统一协调，并出现在空间上相互交叉等，未能达到理想的规划意境。如图 4 - 5 所示。

图 4 - 4　重庆两路口高架桥下处立面外观不连续

图 4 - 5　重庆渝中区道路附属设施

4.3.3　造型单调

山地城市的桥梁、人行天桥、地道入口等市政设施造型上过于单一。两江上的桥梁几乎一致的是斜拉桥，互相之间相互模仿，部分桥梁设计上照抄国外，对地方特色和文化考虑较少，没有体现重庆山城的地域特色，显示不出山城的文化底蕴，与当地人文历史的联系甚少。如图4-6所示。

图4-6　重庆黄花园和袁家岗轻轨站

桥梁风格各异，寓意肤浅，未能体现地方特色。如图4-7所示。

图4-7　重庆观音岩和大佛寺大桥

4.3.4　外立面材质的质感较差

部分道路设施出于节省投资的考虑，外观装饰材料的质量不高，影响了设施的景观品质。如高架桥的外立面封面水泥标号低，缺乏打磨，造成表面粗糙。部分设施的栏杆采用普通铸铁，生锈严重影响景观。

路面材料层出不穷，城市整体性较差。一些城市路面材料混用，特别是车行道混凝土与沥青混用，使道路产生明显的色差，极不美观。

4.3.5　细节上缺乏美化处理

由于建设时间和经费的影响，目前山地城市部分市政设施在对细节的处理稍显不足，在细节上缺乏美化，这也对整个市政设施的整体景观产生了较大影响（见图 4-8 至图 4-10）。如重庆菜园坝大桥往南坪方向隧道入口的细节处理、蚂蟥梁立交上跨桥扶栏、北部新区靠近鲁能新城处轨道桥墩过高过密等等一系列的细节处理，都对整个市政设施的景观效果产生了影响。

图 4-8　重庆渝中区人行天桥的梯道没有进行细部处理

图 4 – 9　重庆渝中区车行道栏杆形状和颜色与周围环境不协调

图 4 – 10　重庆渝中区人行道和花台造型过于粗糙

4.3.6　缺乏地方文化特色

山地城市交通设施在规划设计建设上对于山地城市地方文化特色考虑较少，也造成了市政设施缺乏地方文化特色，千篇一律。

4.4 山地城市道路交通景观人性化规划的特征要素

4.4.1　可识别性

4.4.1.1　可识别性的重要作用

识别性源于建筑规划学，是用来表示观察者从城市中任一观察点对城市基本结构模式的识别，如果人们很容易指出主要交通路线的方向，并判断出城市中心的大致位置，那么，对于观察者来说，这个城市是容易识别的。环境的易识别性广泛运用于不同的行为场所，如建筑物、建筑群、居住区等。在环境心理学中，环境的易识别性从人的空间行为与环境之间的关系出发，强调人对环境的认知与识别。环境的易识别性主要是指人对环境空间模式和结构的理解方式和识别能力及其对所处环境形成认知地图或心理表征的容易程度。它包括三方面的内容：主要交通路线方向明确，主要人流清楚并与人的主要活动模式相一致；环境的活动中心易于为陌生人所识别；使人们易于意识到自身所处的实际位置可识别是良好空间的最基本要求。所谓可识别性是指一个空间能够让人识别的程度。

一个可识别的城市包括五类要素：道路、边沿、区域、结点、和标志，道路是最重要的要素，而其他要素也是与道路紧密相连的，因为道路是组织城市结构的重要途径。清晰可识别的空间是人们重要的感情庇护，人们因此而能与外部环境协调；相反，模糊杂乱的空间布局能使人迷惑，一旦迷了路，焦虑甚至恐惧的心情使人们体会到这与内心平衡和健康有紧密联系。人们对空间的认知能力并不是天生就有，而是经过后天不断体验而积累经验的。当进入一个空间时，人们总是凭着自己的经验，根据环境特征和相关信息对空间进行识别。简洁、清晰的布局能使人们迅速把握空间，当空间的布局复杂甚至杂乱，超出人们的经验和认知水平时，空间可识别性较差。

4.4.1.2　交通的可识别性

要认出某条道路，同样是依据它的某些特征。特征越鲜明，可识别性越强。而如果一条道路没有自己的特色，人们对这条道路的印象是模糊不清的。

中国的城镇化速度很快，许多城市出现了千街一面的现象，道路在外观、材料、颜色方面均很相似，忽略了地方观念、生活习惯、人文历史等因素，没有自己的特色，可识别性差。

而特征鲜明的道路具有良好的可识别性。可根据突出的地理位置优势和历史文化优势，在具体附属设施设计、材质和街头小品上可采取与众不同的特点。因此，不同地域风格、不同历史背景、不同功能类型的道路应具有不同的特色。定位准确的道路特色不仅提高了可识别性，还为道路增加了文化内涵，提高了道路档次。

4.4.1.3　方位的可识别性

空间的可识别性，不仅体现在某个场合可识别，还要体现在方位的可识别。

在道路上行走，人们不仅要知道这是哪条道路，更要弄清楚这条道路在城市片区中的位置，以及这个片区的城市构架。例如，当置身于重庆主城区的滨江路，人们很想知道自己在滨江路的哪个路段。方位可识别是城市可识别的最重要的内容之一。人们认识城市，往往从认识道路开始。良好的空间布局、清晰的路网结构容易让人们识别、感知空间。棋盘式的路网形式简单，容易理解，人们要到某个目的地，可以通过"沿某条路直行，在第几个路口右拐后，再经过几个路口后到达"这种简单的认路方式。

而山地城市通常表现出弯曲迂回的道路、不规则的路网形式，较为复杂，不易于理解也不便记忆。特别是其中的某些道路因缓解交通拥堵可能设置为单向行驶路段，造成出行时需事先详细了解路网，但在实际出行时，也会经常出现迷路现象，导致出行不便。山地城市的道路系统方位可识别性较差，若指路系统不完善，也会对驾乘者和步行者的出行带来影响。

4.4.1.4 环境可识别性

沿着道路进入某一空间时，人们往往想了解自己所处的环境。如果能够判断环境的性质，意味着进入了一个"已知"领域，具有安全感；相反，如果不能弄清环境的性质，意味着进入了一个"未知"领域，缺乏安全感。所谓环境的性质，是指周边地块的用地性质及建筑性质，而用地性质和建筑性质则决定了聚集人群的性质和活动性质。环境的性质可根据建筑的外观及外露设备、环境标志及道路特征进行判断。如政府办公楼庄严肃穆，一般采用浅色调，楼层不高，常采用对称形式，象征公正和廉洁；写字楼格调明快，挺拔屹立，常采用大面积玻璃帷幕，象征快节奏的办公效率；体育馆平面体量大，一般呈圆形或椭圆形，造型夸张而有动感，象征运动和活力。根据建筑的特征，可以大致判断出建筑的性质，而如果能够对周边大部分建筑的性质做出判断，则基本上对环境的性质有了初步了解。

道路具有表征环境的作用。从道路的线形、横断面组成、绿化到人行道的空间划分及铺装方案，从交通标牌、路灯、市政管理设施到街头小品，几乎每个道路组成元素都可以表征环境。宽大笔直、具有较宽绿化带、采用枝干挺拔的乔木作为行道树、采用高档材料作为人行道铺装材料，往往是城市纪念性大道，道路两侧通常为政府机关、金融中心、高档写字楼等，在城市的政治和经济中占有重要地位。另外，华丽暖色调铺装的道路通常意味着繁华商业街；线形曲折弯曲、铺装朴素自然的道路通常意味着风景区。

与环境协调一致的道路能够更好地表征环境。道路与环境的和谐统一，道路是环境的一部分；道路风格与环境不协调，甚至相冲突时，纵使道路本身具有良好设计，不但没有表征环境，反而引起视觉紧张。交通设施在外观上应体现简洁现代、稳重安全，健康生态等理念。车站车场、主次干道、换乘枢纽等市政设施应在外形上便于公众识别，从而区别于一般的民居建筑。如图 4 - 11 所示的白鹤公交站场较好地体现了这一概念。

图 4 - 11　重庆白鹤公交站场效果

4.4.2　协调性

设施的外观和人的行为习惯应具有协调性。交通设施的外观应符合公众普遍的审美观念，即具有大众性。外观符合大众视觉习惯，同时还应考虑人的行为规律，使外观属性与人的行为习惯相统一。如图 4 - 12 所示。

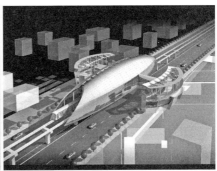

图 4 - 12　重庆六公里轻轨站外观比选方案

交通设施与周围环境和建筑风格整体协调。注意整体线形在外观上的韵律与节奏和道路景观变化的均衡与稳定。

4.4.3 与地形地貌的适应性

交通设施的外观设计应与山地的地形地貌相结合，根据不同的地形应有不同的结合方式。通常讲的地形是指'地球表面高低不同的起伏形态，如平原、盆地、丘陵、高原、河谷等的总称'，此类地形地貌也被称之为大地形。微地形是相对于上述大地形而得出得一个相对概念，是指在景观设计过程中采用人工模拟大地形的形态及其起伏错落的韵律而设计出面积较小的地形，其地面高低起伏但起伏幅度不太大。如图 4 – 13 至图 4 – 15 所示，交通设施较好地与地形地貌结合在一起。

根据重庆是山城的特点，可以将微地形可以按照其坡度的起伏的流畅程度大致分为两种类型：曲线型和直线型。

微地形的应用上也可以按其形式分为以下两种。

图 4 – 13 山地城市轨道交通系统

图 4 - 14　重庆大岚垭隧道

图 4 - 15　重庆蔡家岗立交

（1）结合自然地形地貌，充分减小对原始自然风光的破坏，充分考虑地块的原始地貌，在设计创新过程中尽量保持地块的地形感，与当地的乡土风貌和地形特征展现自然风貌要一致。

（2）结合自然地形地貌，运用多种手法，改善原有的景观空间。

4.5 道路人性化特色规划设计的建议

4.5.1 反映城市特色

城市特色危机是伴随经济全球化而来的全球性文化问题。同时随着人们生活水平的不断提高，市民对于文化生活的需求也越来越多元化，其中也包含了城市形象的个性化需求。因此，在街道规划设计中要尊重自然、尊重历史、突出特色，注重城市整体形象的塑造。塑造城市形象应利用好城市的自然条件，城市自然形成的地形地势条件应得到尊重，这样既经济又可创造地方特色，一举两得。如深圳深南大道就反映了深圳这个美丽的国际花园城市特色。

交通设施的外观应强调山地城市地域审美特征，体现当地独特的人文气息。如图 4 – 16 所示。

图 4 – 16　重庆 2 号线轨道车站

4.5.2　反映功能特色

城市道路设计要反映交通性、生活性、游览性等各种功能，来满足人们的工作、生活、休闲等需要。如深圳深南大道——是深圳市最繁华的交通主干道深南路的延伸段。经过深圳市政府的近十几年的合理规划与开发，逐步形成以华侨城旅游为主线，深圳中心区为重点的旅游交通新干线。

4.5.2.1　适当的比例与尺度

（1）交通设施外观各部分应符合几何美学关系。应尽量体现黄金分割和几何中心对称等美学原则。

（2）交通设施的外观还应考虑尺度问题。在处理尺度的关系上，可以根据与人密切相关的要素作为尺度标准。

4.5.2.2　合适的位置和完善的细节

交通设施选线位置应合适，设施结构的细节应认真考虑，作适当美化。具体见图 4－17 和图 4－18。

图 4－17　苏州沿溪流道路

图 4 – 18　苏州人行公共设施摆放

4.5.3　反映环境景观特色

　　城市道路设计要注意与周围环境相和谐。上海世纪大道是中国第一条景观大道，全长 5 千米；总宽为 100 米，含 31 米双向六快二慢的主机动车道和两侧各 6 米宽的机动辅道，主道与辅道间设有绿化隔离带。世纪大道的景观设计采用非对称性断面形式，在大道北侧人行道上布置了八处游憩园；在崂山路和扬高路路口设置了两处雕塑广场，以及休闲小品、艺术画廊，等等；如今世纪大道已成为上海一道不可多得的景观。

第5章

山地城市机动车道路交通
人性化规划研究

5.1 山地城市机动车道路交通现状问题分析

5.1.1 山地城市道路系统规划现状问题

5.1.1.1 道路网连通性差

由于受到地形限制，以及各级、各区域道路规划建设中的协调问题，山地城市路网特别是次支路网系统性较差。同时，随着小汽车的快速增长，部分山地城市的主要干道已开始进入饱和状态，由于次支路网缺乏系统性，导致整体路网的交通集散能力低、道路选择性差的问题非常突出。主要体现在几个方面：一是部分区域内路网密度低，片区间衔接通道少，必须通过主要干路进行绕行，或部分区域联系通道单一；二是丁字路口尤其是错位交叉口多，断头路多；三是受快速路及重要主干路阻隔，很多交叉口采用右进右出管理，使看起来连通的路实际上不连通，必须通道节点绕行。

山地城市路网"连通性差"引发的主要问题包括：一是路网连通可靠性差；二是主通道流量集中、拥堵；三是主要通道和节点压力巨大，主要流量都集中在仅有的几个通道上；四是公交可达性、服务性差；五是车辆绕行严重，节点拥堵加剧，导致出行时间的浪费。

山地城市的支路系统的连通性差，其原因主要有两个方面：一方面，由于地形限制，道路建设条件有限，在能建路的地方，尽量将其修宽，尽量提高其等级，导致支路数量减少；另一方面，由于城市发展需要，山地城市的建筑容积率相对较高，而高容积率区域对支路密度要求更高。例如，在《城市道路交通规划设计规范》（GB50220 - 95）中，存在"市中心区的建筑容积率达到 8 时，支路网密度宜为 12 ~ 16 千米/平方千米"的表述，而对于一般区域规定为 3 ~ 4 千米/平方千米。

5.1.1.2　路网密度低

路网密度是指道路总长度与城市用地的比例，对于各级道路而言，其路网密度为各级道路总长度与城市总用地的比例（千米/平方千米）。路网密度大小必须合适，城市道路网密度太小，就不能满足城市交通需求，造成道路拥挤不堪，但城市道路网密度也并不是越大越好，大到一定程度反而会出现"负效应"，会增加交叉口数，造成车速下降，增加延误，影响运输效率。

如图 5 - 1 所示，从道路面积率上看，以重庆主城区为例，山地城市的路网密度较低，重庆主城区为 0.54 千米/平方千米，使用的面积为主城区占地面积。在其余 6 个城市中，比重庆主城区指标高的城市有四个：香港、深圳、广州、上海。

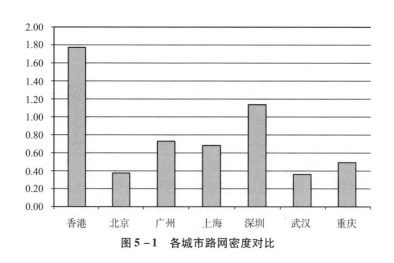

图 5 - 1　各城市路网密度对比

5.1.1.3　车道宽度过大

目前，多数山地城市车道宽度的取值是参照国家行业标准《城市道路设计规范》CJJ37 - 90 中的第 4.3.1 条设计。由于该规范是由 20 年前定制，在车辆性能大大提高及道路建设快速发展的今天，现行车道宽度取值显得过宽，致使各地在车道宽度设计中，浪费了不少可贵的城市土地资源，并由于车道过宽而引起车辆抢道等交通秩序混乱现象，对当前的城市道路运行管理造成一定影响。如图 5 - 2 所示。

图 5 - 2　车道过宽而引起车辆抢道示意图

5.1.1.4　标志标线存在缺陷

（1）交通标志信息过载。大量交通信息在一块标志上进行集中描述，这种方式虽然保证了交通信息的大而全，但却对驾驶员的认知造成了障碍，使驾驶员无法在很短的时间完成全部信息的识认，也无法从中挑选出有用的交通信息。

（2）短距离内标志设置过密。一些标志之间间距过密，导致前后遮挡。如在城市快速路出入口前方，交通标志的设置间隔距离没有考虑驾驶员的信息接受能力。在驾驶员尚未完全对前一个标志信息进行认知与处理时，迅速呈现第二个、第三个标志信息，导致标志信息难以有效地发挥作用。

（3）标志设置位置缺乏前置诱导。由于山地城市属于山区地形地貌，道路线形复杂，在这种特殊条件下，更需要在规范的基础上灵活设计。如在部分地区的城市立交匝道进出口处，大量的标志牌以及信息林立在三角区域内，驾驶员行驶到此位置前方，无法在短时间内读完信息，并采取正确的操作行为。部分大型长途货车在立交匝道处停车驻足，耗费大量时间阅读出口标志信息，在调查中发现进口前方有大量的轮胎刹车痕迹。严重的还有车辆走错路以及倒车现象，直接导致追尾等交通事故的发生。

（4）标志被树木和其他道路设施遮挡。标志被道路附属设施遮挡严重，如跨线桥、广告牌、路侧林荫道的树木等。在很多地方特别是城市的林荫道，有很多植物种植后会逐渐遮挡住交通标志，导致交通标志的认知受限，无法在短时间内读取完成，严重的遮挡会导致信息完全无法看到。

（5）大量广告信息干扰交通标志。在城市快速路的两侧、中央、跨线桥等醒目的位置，多被大型广告牌所占用。这些广告信息大多数是房地产、酒类、汽车产品、新闻媒体以及婚纱摄影，等等。这类广告为达到对目标的宣传效果，往往密集出现在人车流量大的路段，严重干扰了驾驶员的注意力。

（6）交通标线不清晰。交通标线抗污、抗老化能力较差，导致交通标线不清；交通改造旧线去除不彻底，导致新旧标线同时存在，影响车辆和行人通行。

5.1.1.5　道路几何线形

（1）平曲线半径设置不合理。个别道路在规划设计时为了节省道路占用空间，压缩成本，从而选择了较小的平曲线半径，虽然也符合道路设计规范，但却使驾驶员处于一个紧迫的视觉空间内，较难及时、正确地判断行驶路线的特征和路线的变化，甚至产生视觉曲折、紊乱和错觉等问题。

（2）道路线形不能与环境景观相互协调。有的道路受地形、树木、建筑物的限制出现方向和路面宽度的急剧变化，严重影响道路的连续性和平顺性。有的道路受环境因素的影响，使驾驶员产生错觉，错误估计路面情况。例如，各地出现的"怪坡"，就是道路线形在设计时没有考虑到环境景观的影响而形成的错觉。

（3）凹凸竖曲线衔接过近。这一问题在高架快速路上表现较为突出。由于城市道路网密度相对较大，道路平面距离近，与这些道路的交汇点上，高架快速路往往以连续多个立交的方式通过，使驾驶行为缺乏连续性，严重影响驾驶员的视距和行车安全。

（4）平曲线与路口衔接不合理。连续弯道转弯的平曲线结束后立即接路口或隔离带开口。即使提前有标志提示，面对突然出现的车辆时，驾驶员的反应时间也会受到影响。

（5）设计参数选取过低。道路规划设计时忽略了超速，超载等违法行为的存在，选取了最低安全技术标准。道路线形规划设计是建立在正常的交通运行状况下，交通参与者一旦稍有过失，就可能被置于危险之中。

5.1.2　山地城市交叉口转弯半径设置存在问题

（1）在部分交通性干道上以及居住区周边生活性道路上，交叉口转弯半径设置过大，导致行人通过交叉口时间过长，受右转弯车辆车速较高的影响，人行过街存在安全隐患。

（2）在部分交通性次干路上，交叉口转弯半径设置过小，导致右转弯车辆降速过多，或右转车辆向外侵占直行车道，容易诱发交通拥堵，引起交通事故。

5.2 国内外案例研究

5.2.1　道路系统相关案例研究

5.2.1.1　道路网密度

相关城市的道路网密度较高。根据我国香港特区政府路政署公布的资料，香港道路总长 2071 千米。其中香港岛 446 千米，九龙 459 千米，新界 1166 千米。一般认为香港岛、九龙构成香港市区的主要区域，该区域内的路网密度为 9.89 千米/平方千米，远高于重庆主城区的 5.88 千米/平方千米。

新加坡国土面积约 704 平方千米，道路（公路）网规模共约 8355 千米，路网密度达 11.87 千米/平方千米，形成密如蛛网的道路（公路）运输网络。

对重庆主城内部分典型区域现状路网进行调查，如表 5 - 1 所示。所选取的区域涵盖了商业区域、居住区域，以及综合区域，主要集中在内环快速路以内的已建成区域。

表 5 -1　　　　　　　　重庆主城区部分典型区域道路密度

类型	典型区域	快速路（米）	主干路（米）	次干路（米）	支路（米）	面积（平方千米）	快速路密度	主干路密度	次干路密度	支路密度	总密度
商业	解放碑地区	0	4675	5113	3028	0.9	0	5.2	5.7	3.4	11.9
	江北嘴（规划）	990	0	7277	8077	1.6	0.6	0	4.5	5.0	9.6
居住	五里店	1623	2639	2107	5729	1.34	1.2	2.0	1.6	4.4	7.0
	新牌坊	0	1526	2991	1867	0.37	0	4.1	8.1	5.0	13.5
工业	照母山	5575	7162	12642	5000	3.57	1.6	2.0	3.5	1.4	7.3
	二郎片区	1042	3737	5994	853	1.7	0.6	2.2	3.5	0.5	5.3

类型	典型区域	快速路（米）	主干路（米）	次干路（米）	支路（米）	面积（平方千米）	快速路密度	主干路密度	次干路密度	支路密度	总密度
综合	渝中半岛	0	32132	13530	23018	6.6	0	4.9	2.1	3.5	10.3
	冉家坝	3359	6079	13973	1464	3.2	1.0	1.9	4.4	0.5	6.6
	沙坪坝	1655	9330	9716	2029	4.2	0.4	2.2	2.3	0.5	4.4
	南坪	4831	9805	19246	13477	7	0.7	1.4	2.7	1.9	6.3
	观音桥	4495	4347	8346	17148	3.56	1.3	1.2	2.3	4.8	8.5

在商业核心区域，重庆主城区的路网供需矛盾尤其突出。解放碑商业地块的容积率一般大于10，部分地块高于20，路网密度约为12千米/平方千米，道路平均间距在170米以上，平均地块面积在3公顷左右。而对比分析曼哈顿中心区，容积率最高为15，平均为6。路网密度达到20千米/平方千米以上，道路平均间距在100米左右，平均地块规模在1公顷左右。

分析上述路网数据，可以说明：路网密度大小与区域交通状况影响明显，如五里店居住区与新牌坊居住区，二者路网密度相差较大，同时，高密度路网区域交通状况明显优于低密度路网区域。支路密度不足将严重影响区域交通状况。以沙坪坝商圈区域为例，其整体路网密度偏低，特别是支路密度明显不足，导致区域交通状况较差。

5.2.1.2　道路网连通性方面

选取重庆、南京、上海、香港四个城市中心区的路网进行道路网连通性分析。各城市均截取1.2平方千米内的路网进行分析，分别统计该区域内五路交叉、十字路口、丁字路口、断头路的数量如图5-3和表5-2所示。

从表5-2的案例对比分析中可以看出，在上海中心区存在五路交叉，且十字路口数量为丁字路口的两倍，没有断头路，其道路网连通性较高；香港旺角及南京中心区的十字路口和丁字路口数量相当，存在较少断头路，道路网连通性也可以；而在解放碑，十字路口数量不到丁字路口的1/2，而断头路数量接近十字路口的1/2，解放碑的道路网连通性较低。

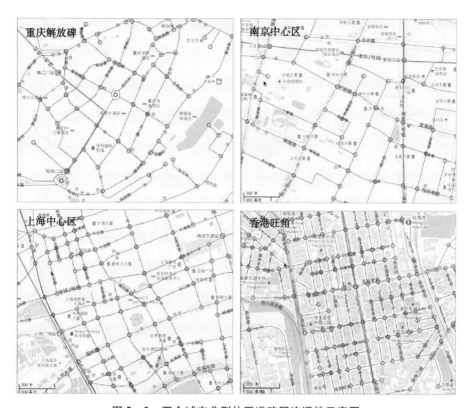

图 5 - 3　四个城市典型片区道路网连通性示意图

表 5 - 2　　　　　　　　四个城市典型片区道路网连通性指数

区位	路网密度	五路交叉	十字路口	丁字路口	断头路	交叉口总量	连接度指数
解放碑	11.5	0	17	37	8	62	3.02
南京中心区	10.7	0	22	22	2	46	3.39
香港旺角	19.9	0	75	62	3	140	3.49
上海中心区	16.2	4	59	27	0	90	3.74

5.2.1.3　车道宽度方面

表 5 - 3 中的澳大利亚现行车道宽度取值相对较低，普通车道宽度在 3.3 ~ 3.5 米之间，道路设计速度较低及货运交通较少道路的车道宽度取值范围在 3.0 ~ 3.3 米之间。

表 5 – 3		澳大利亚车道宽度取值
项目	宽度取值（米）	备注
普通车行道	3.3 ~ 3.5	适应于所有道路
	3.0 ~ 3.3	适应于低速且货运交通较少道路

　　美国现状城市道路车道宽度普遍为 12 英尺（3.65 米），联邦公路管理局及运输管理局与 2009 年发布《完善道路设计规范》，计划通过缩窄车道宽度，增加自行车道设施。如：车道宽度从原来的 12 英尺缩减为 11 英尺（3.35 米），并在道路两侧各增加宽为 1.22 米的自行车行道。如图 5 – 4 所示。

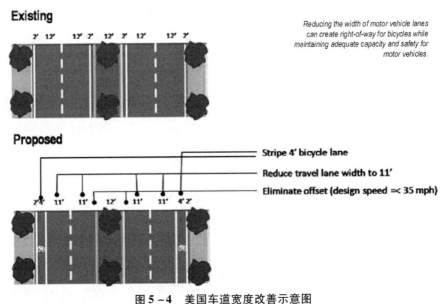

图 5 – 4　美国车道宽度改善示意图

注：1feet = 0.3048 米　2feet = 0.61 米　4feet = 1.22 米　11feet = 3.35 米　12feet = 3.65 米

　　北京市城市道路机动车车道宽度主要有两种标准：3.75 米、3.5 米。而在实际运用中，北京为了增加道路容量及减少小型车频繁变道诱发的交通拥堵，曾经两次缩减车道宽度。1997 年北京市曾针对部分道路进行过路宽缩窄，将车行道从 3.5 米和 3.75 米缩小为 3.2 米和 3.5 米；2006 年，北京市交委在公布该年重点路政工程时，宣布今后交叉口进口道将缩窄到 3 米以内。

　　天津市城市道路机动车车道宽度主要有三种标准：3.75 米、3.5 米、3.25 米。其中，3.75 米主要在快速路上使用，城市干路上 3.5 米与 3.25 米搭配使用，支路上车道宽度主要采用 3.25 米。具体见图 5 – 5。

图 5 - 5　天津中心生态城道路

5.2.1.4　标志标线方面

日本一整套交叉口标志设置包含预告点标志、交叉点标志和确认点标志。交叉口预告点标志设立于交叉口前 150～350 米；交叉口标志设立于 30～150 米；确认点设立于交叉口之后，进一步确认方向。交叉口预告根据道路实际情况设置，一般适应于路幅较宽、交通量较大的重要道路交叉口。如图 5 -6 所示。

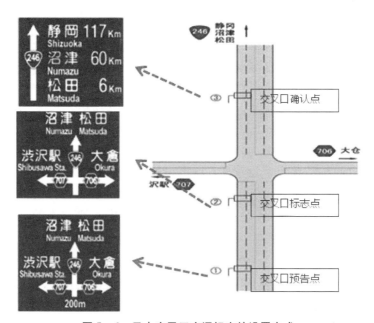

图 5 - 6　日本交叉口交通标志的设置方式

北京对指路标志进行了冗余设置，以广渠门桥出口为例，在二环外环左安门桥前方，出现了"广渠门桥3.3千米"的提示信息，用以提醒前往广渠门桥的驾驶人尽早准备。随后，每经过一个桥区指路标志信息就再重复一次，指路标志的位置也从正对最内侧车道逐渐外移，引导驾驶人准备驶出主线。接下来出现的是广渠门桥的桥型信息，提示驾驶人行驶方式，最后是出口指路标志，这一系列的指路标志信息相互配合，重复提示，从而形成了一条完整的指路标志信息链。如图5-7所示。

图5-7　北京指路标志冗余设置示例

另外，北京机动车保有量较高，城市道路容量趋于饱和，但往往是干道拥堵，而支路和胡同空置。为充分利用道路资源，挖掘道路潜力，北京市交管部门因地制宜推出了微循环指路标志。微循环指路标志如同一张微缩的小型地图，蓝色色块代表了道路周边的楼区，白色代表道路，黑色箭头为行驶方向，图案文字丰富，驾驶员可了解周围路网情况。

杭州在2010年，结合新的国标对新建道路和部分已建道路的标志进行了更新换代，在设计方案中多处引入色彩、图案和文字：将标志牌面颜色由原来的蓝底白字更换为墨绿底色；将传统单调底色通过多层图底表达，使信息更加容易识别；在牌面布局及箭头优化上，箭头较传统箭头明显加宽，将所在道路及前方左转和右转道路名标注在箭头内部，箭头外围标注二级导视，使周围道路关系更加明确，易于识别。如图 5-8 所示。

图 5-8　传统平面交叉口和杭州新型交叉口标志版面对比

5.2.2　道路交叉口相关案例研究

在国家规范《城市道路设计规范》（CJJ37-90）已有转弯半径设置要求的基础上，上海、武汉、珠海等城市根据各自情况，分别提出了适用于本市的转弯半径规划、设计及管理要求。现将相关规范和城市对转弯半径相关要求分析如下。

5.2.2.1　《城市道路设计规范》（CJJ37-90）

三幅路、四幅路交叉口的缘石转弯最小半径应满足非机动车行车要求；单幅路、双幅路交叉口缘石转弯最小半径见下表 5-4。

表 5-4　　　　　　　　　　　　　平面交叉口转弯半径取值表

右转弯计算行车速度（千米/小时）	30	25	20	15
交叉口缘石转弯半径（米）	33~38	20~25	10~15	6~10

注：非机动车车道宽度为 6.5 米时用最小值；2.5 米时用大值，其余宽度可内插。

5.2.2.2　《上海城市道路平面交叉口规划与设计规程》（DGJ08-96-2001）

平面交叉口转角处路缘石转弯半径应满足机动车和非机动车的行驶要求。路缘石最小转弯半径见表 5-5。

表 5 – 5　　　　　　　　　　　上海平面交叉口转弯半径取值表

右转弯计算车速（千米/小时）	30	25	20	15
无非机动车道缘石推荐转弯半径（米）	35 ~ 40	25 ~ 30	15 ~ 20	10 ~ 15
有非机动车道缘石推荐转弯半径（米）	30 ~ 35	20 ~ 25	10 ~ 15	5 ~ 10

5.2.2.3　《武汉市城市道路平面交叉口规划、设计、管理技术规定》（武汉市建设委员会、武汉市公安局交通管理局联合发布）

平面交叉口转角处路缘石转弯半径应满足机动车和非机动车的行驶要求。机动车道缘石转弯半径值按 4.3.3 条选用，无机动车行驶的缘石转弯半径值也不宜小于 5 米。

城市道路平面交叉口转角处缘石曲线最小半径可根据右转车道计算行车速度和机动车道右侧非机动车道的宽度，按表 5 – 6 所列数值用内插法求得。

表 5 – 6　　　　　　　　　　　武汉平面交叉口转弯半径取值表

右转车道计算行车速度（千米/小时）	30	25	20	15
交叉口缘石曲线最小半径（米）	30 ~ 40	20 ~ 30	10 ~ 20	5 ~ 15

注：非机动车道宽度为 6.5 米时用小值，非机动车道宽度为 0 时用大值。其余宽度时可采用内插法求得。

5.2.2.4　《交通工程手册》中国公路学会 1997 年

由于各类车辆性能不同，其要求的最小转弯半径也不同，在一般十字形交叉口，转弯半径可按表 5 – 7 取值。

表 5 – 7　　　　　　　　　　　平面交叉口转弯半径推荐表

交叉口性质	主要交通干道交叉口	交通干道及居住区道路交叉口	住宅区街坊交叉口
交叉口缘石转弯半径（米）	20 ~ 25	10 ~ 15	6 ~ 9

注：均计入交叉口非机动车道宽度。

5.2.2.5　《珠海市城市规划技术标准与准则规范》

住宅区机动车道路最小转弯半径应满足消防车通行的规定，宜为 9 ~ 12 米，最小可采用 9 米，或满足消防车的最小转弯半径；会车最小视距为 30 米，停车视距为 15 ~ 20 米；住宅区道路与城市道路相接时，其交角不宜小于 75°。

5.2.2.6　《公园设计规范 CJJ48 – 92》

第 5.1.6 条经常通行机动车的园路宽度应大于 4 米，转弯半径不得小于 12 米。

5.2.2.7　《重庆市城市道路交通规划及路线设计规范》

交叉口转角处的缘石宜做成圆曲线或复曲线。三幅路、四幅路交叉口的缘石转弯最小半径应满足非机动行车要求；单幅路、双幅路交叉口缘石转弯半径见表 5 – 8。

表 5 – 8　　　　　　　　　　　重庆平面交叉口转弯半径取值

右转弯设计行车速度（千米/小时）	30	25	20	15
推荐转弯半径（米）	25 ~ 30	15 ~ 20	10 ~ 15	5 ~ 10

5.2.2.8　小结

通过对国家规范及上海、武汉等交叉口转弯半径设置要求的分析，主要有以下几点结论。

（1）《重庆市城市道路交通规划及路线设计规范》推荐采用的转弯半径较其他城市及规范均小，见表 5 – 9。

表 5 – 9　　　　　　　　　规范及各城市平面交叉口转弯半径对比

道路等级	快速路	主干路	次干路	支路
对应道路车速（千米/小时）	60 ~ 80	50 ~ 60	40 ~ 50	30
右转弯设计行车速度（千米/小时）	30	25	20	15
《城市道路设计规范》 （最小值为非机动车道 2.5 米）	33 ~ 38	20 ~ 25	10 ~ 15	6 ~ 10
《上海城市道路平面交叉口规划与设计规程》（无非机动车道）（米）	35 ~ 40	25 ~ 30	15 ~ 20	10 ~ 15
《武汉市城市道路平面交叉口规划、设计、管理技术规定》（无非机动车道）（米）	40	30	20	15
《重庆市城市道路交通规划及路线设计规范》（无非机动车道）（米）	25 ~ 30	15 ~ 20	10 ~ 15	5 ~ 10

（2）道路性质的不同以及道路服务对象的差异对转弯半径的选取有影响。交

通性干道为保证车辆通行的快速顺畅，右转弯设计车速选较高，转弯半径亦较大。居住区道路等生活性道路以及特殊性道路为保证行人的安全方便以及机动车的通行需要，右转弯设计车速较低，转弯半径亦较小。

（3）最小半径的选取受消防车辆等特殊车辆通行需要影响各有不同。

5.2.3 道路分隔带相关规范和案例分析

5.2.3.1 规范中对分隔带的定义

多幅路横断面范围内，纵向设置的带状非行车部分为分车带。分车带由分隔带及两侧路缘带组成。分车带按其在横断面中的不同位置与功能分为中间分车带（简称中间带）及两侧分车带（简称两侧带）。其中，中间带由两侧路缘带和中央分隔带组成。

主要作用是分隔上、下行车流，保证行车安全；同时，可作设置交通标志牌及其他交通管理设施的场地，也可作为行人的安全岛使用；分隔带种植花草灌木或设置防眩网，可防止对向车辆灯光炫目，还可起到美化道路景观和环境的作用；路缘带可引导驾驶员视线。

5.2.3.2 有关中央分车带的规范内容

《城市道路设计规范》（CJJ37 - 90）中规定：快速路应设中间分车带，特殊困难时可采用分隔物，不得采用双黄线；计算行车速度大于或等于50千米/小时的主干路宜设中间分车带，困难时可采用分隔物。中间分车带的最小宽度值规定见表5 - 10。

表5 - 10　　　《城市道路设计规范》中间分车带的最小宽度值规定

计算行车速度（千米/时）	80	60，50	40
分隔带最小宽度（米）	2.0	1.5	1.5
路缘带宽度（米）	0.5	0.5	0.25
侧向净宽（米）	1.0	0.75	0.5
安全带宽度（米）	0.5	0.25	0.25
分车带最小宽度（米）	3.0	2.5	2.0

注：①快速路的分车带均应采用表中80千米/小时栏中规定值；②计算行车速度小于40千米/小时的主干路与次干路可设路缘带，分车带采用40千米/小时栏中规定值；③支路可不设路缘带但应保证25厘米的侧向净宽；④表中分隔带最小宽度系按设施带宽度1米考虑的，如设施带宽度大于1米，应增加分隔带宽度。

《重庆市城市道路交通规划及路线设计规范》（DBJ50 - 064 - 2007）中规定：快速路必须设置中间分车带，特殊困难时可采用分隔物；设计速度大于或等于50 千米/小时的主干路应设中间分车带，困难时可采用分隔物；设计车速小于40 千米/小时的主次干道中间分车带可采用双黄线分隔。分车带最小宽度见表 5 - 11。

表 5 - 11　　　　　《重庆市城市道路交通规划及路线设计规范》
中间分车带的最小宽度值规定

设计车速（千米/小时）	80	60，50	≤40
分隔带最小宽度（米）	2.0	1.5	0.5
路缘带宽度（米）	0.5	0.5	0.25
侧向净宽（米）	1.0	0.75	0.5
安全带宽度（米）	0.5	0.25	0.25
分车带最小宽度（米）	3.0	2.5	0.5

注：当中央分隔带作为轨道走廊时，其宽度应满足轨道要求。

《城市快速路设计规程》（CJJ129 - 2009）中规定：快速路的上下行快速路机动车道之间必须设中间分车带，中间带宽宜为 3.0 米，即中央分隔带 2.0 米，两侧路缘带各为 0.5 米；当城市快速路用地条件受到限制时，中间带可适当缩窄，对向车流必须采用混凝土分隔墩或中央分隔护栏分隔，两侧应各设 0.5 米宽路缘带。

5.3 山地城市道路系统人性化改善策略和方法

5.3.1　道路网密度

在城市路网密度指标整体控制的基础上，依据用地性质的差异，对于不同区域提出不同的控制指标，例如，居住区路网密度通过各级道路密度控制，商业区路网密度通过整体路网的道路面积率控制。

将路网密度指标与用地开发强度进行关联。用地开发强度影响交通需求，进而决定路网密度。例如，对于商业区，依据地块的容积率，提出区域路网密度指标。

充分考虑各级道路的合理结构。快速路、主干路、次干路、支路形成相对理想的"金字塔"型结构，可充分发挥各级道路的功能，提高整体路网的通达性和服务性。

在各级规划中，特别是控制性详细规划中，应合理控制地块规模，避免过大规模的地块出现，地块面积一般不宜超过 4～5 公顷，道路间距不宜超过 200～300 米，路网密度达到 8～10 千米/平方千米是合适的。

按表 5－12 至表 5－15 所示提高居住区、商业中心区、工业区的道路网密度，减少车辆和行人绕行，节约资源，保护环境，体现人性化理念。

表 5－12　　　　　　　　　　山地城市道路网指标建议值

指标	路网密度（千米/平方千米）				路面积率（%）
	快速路	主干路	次干路	支路	
主城区	0.5～0.6	1.0～1.2	1.4～2.0	4～6	18.5～20.5

表 5－13　　　　　　　　　　居住区道路网密度指标建议值

指标	快速路	主干路	次干路	支路
道路网密度（千米/平方千米）	0.5～0.6	1.0～1.2	1.4～2.0	4～6

表 5－14　　　　　　　　　　商业区道路网密度指标建议值

指标	$r \leqslant 5$	$r > 5$
道路面积率（%）	18.5～20.5	$3.7 \times r - 4.1 \times r$
备注	r 为规划地块的容积率	

表 5－15　　　　　　　　　　工业区路网密度指标建议值　　　　　单位：千米/平方千米

指标	快速路	主干路	次干路	支路
道路网密度	0.5～0.6	1.0～1.2	1.4～2.0	4～6
道路面积率（%）	18.5～20.5			
备注	在保证总体路网密度不降低的前提下，可依据工业区的功能定位，合理调整各级道路的密度，特别是支路的密度。调整幅度不应大于30%			

具体建议为：

（1）由城市道路围合的居住用地地块面积一般不宜超过 3 公顷，最大不应超过 5 公顷（间距 200 米左右）。

（2）由城市道路围合的商业用地地块面积一般不宜超过 2 公顷，最大不应超过 3 公顷（间距 150 米左右）。

（3）由城市道路围合的工业、仓储用地最大不应超过 10 公顷（间距 300 米左右），当间距超过 300 米时，应增加弹性支路，若地块为一个企业所有，弹性支路可以取消，若地块为多家企业所有，企业之间弹性支路不得取消。

5.3.2　道路网连通性

为保障整体路网的可靠性，需大力完善城市次、支道路系统，新的次、支道路建设中特别需避免断头路的出现，并应设法打通现状断头路。在控规中须进一步提高道路网密度和次支道路连通性，严格禁止随意取消次、支道路。

5.3.2.1　建成区连通性改善建议

在建成区，其用地已建成、路网已形成，其路网连通性改善策略主要是构建能分流关键路段及节点交通压力的干路系统，同时为避免大拆大建，主要以连通主要干路、打通断头路为主；在旧城改造区域，可结合旧城改造优化道路网。建议包括：①对需要穿越的大地块，如果没有发件，直接连通；如已发件，根据具体情况尽可能连通，需与用地单位进行协调。②对于错位交叉也应根据建设现状进行判断，如没有发件和现状建设，直接调整连通；如已发件，需与用地单位进行协调。③对道路等级不匹配的道路，需结合道路功能及需求进行匹配，与周边道路衔接顺畅。

5.3.2.2　规划区连通性保障建议

针对未建成区，其用地还未建设、路网还未形成，应从规划上注重路网的整体合理性，在控规编制或修编中进行优化调整，构筑合理的路网结构，保证干路的系统性及合理衔接。建议包括：①合理控制地块面积，保障最低路网密度；②保障合理干路间距，避免蜂腰结构；③避免"重视主干路、忽视次支道路"，保障合理路网级配及衔接；④当最低路网密度及合理干路间距不能保障时，应合理控制道路宽度；⑤合理设置交叉口，交叉口以十字路口为宜、避免错位交叉；⑥道路节点控制尽量与道路等级及交通需求向匹配。

5.3.3 道路横断面

道路断面设计力求打造生态、低碳、景观、休闲景观长廊；休闲、低碳、生态的居住示范区；交通高效运转的工业园区。根据不同区域、不同等级道路的设计理念，道路红线宽度控制如下。

景观大道：充分考虑绿化景观、人的休闲性、舒适性，给人停留空间，布置绿化景观休闲长廊、自行车道、人行道、街头绿地。红线采用 66 米（或 88 米）。

快速路：以交通通过性为主，红线采用 54 米、64 米。

主干路：以交通为主，红线采用 44 米、40 米。

次干路：居住区、工业园区的设计理念不同。居住区以人行为主，并布置自行车道或路侧停车带，红线采用 32 米、36 米、26 米；工业园区考虑以车行为主，红线采用 26 米；

支路：居住区、工业园区的设计理念不同。居住区以人行为主，并布局自行车道或路侧停车道，红线采用 22 米；工业园区考虑以车行为主，红线采用 16 米。

5.3.3.1 景观大道

景观大道红线宽度采用 66 米断面，传统景观大道模式，双向 8 车道，道路中央采用 1 米划线方式。断面形式采用车行道 + 自行车道 + 人行道模式，如图 5 - 9 所示。

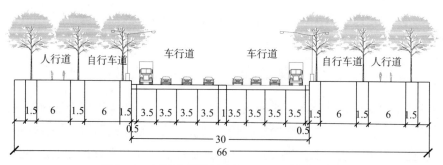

图 5 - 9　景观大道断面示意（一）（单位：米）

景观大道红线宽度亦可采用 88 米断面，双向 8 车道，道路中央 15 米宽度内布置有轨电车。断面形式采用有轨电车 + 车行道 + 自行车道 + 人行道模式，如图 5 - 10 所示。

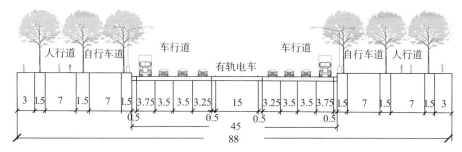

图 5 - 10 景观大道断面示意（二）（单位：米）

5.3.3.2 快速路

快速路红线宽度采用 64 米和 54 米两种，双向 8 车道，中央分隔带 2 米，两侧布置绿化带。部分路段可采用主辅路形式，双向 10 车道，中央分隔带 2 米。断面形式采用车行道 + 绿化带模式，如图 5 - 11 和图 5 - 12 所示。

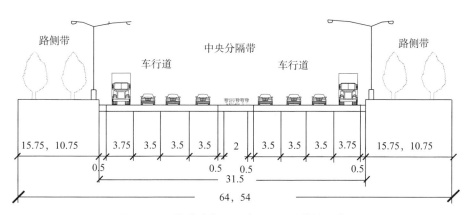

图 5 - 11 快速路断面示意（一）（单位：米）

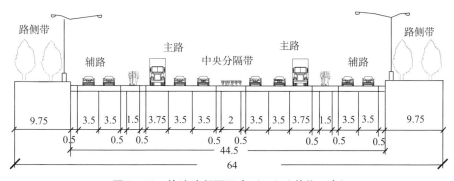

图 5 - 12 快速路断面示意（二）（单位：米）

5.3.3.3 主干路

主干路道路红线采用44米和40米两种。44米道路双向8车道，40米道路双向6车道，中央分隔带1.5米。断面形式采用车行道+人行道模式，如图5-13和图5-14所示。

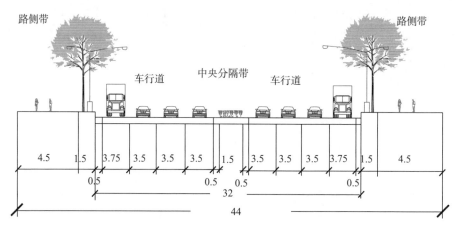

图5-13 主干路断面示意图（一）（单位：米）

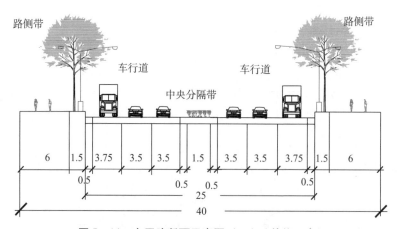

图5-14 主干路断面示意图（二）（单位：米）

5.3.3.4 次干路

（1）居住区。居住区以人行为主，红线采用32米、36米、26米，双向四车道，道路中央采用0.5米画线方式。断面形式具体采用以下几种模式（如图5-15

至图 5 – 17 所示）。

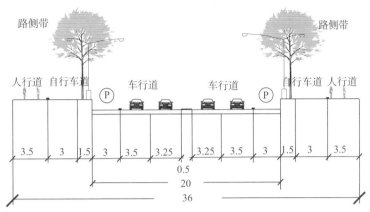

图 5 – 15　居住区次干路断面示意（一）（单位：米）

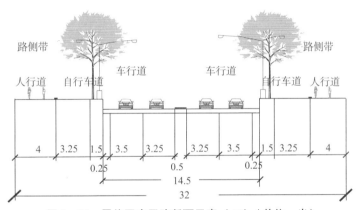

图 5 – 16　居住区次干路断面示意（二）（单位：米）

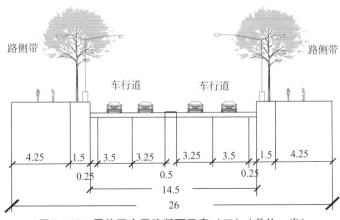

图 5 – 17　居住区次干路断面示意（三）（单位：米）

36 米，车行道 + 路侧停车 + 自行车道 + 人行道；

32 米，车行道 + 自行车道 + 人行道；

26 米，车行道 + 人行道。

（2）工业园区。工业园区以车行为主，红线采用 26 米，双向四车道，道路中央采用 0.5 米画线方式。断面形式采用车行道 + 人行道模式，如图 5 - 18 所示。

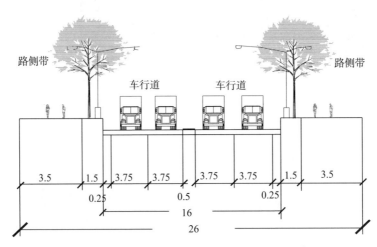

图 5 - 18　工业园区次干路断面示意（单位：米）

5.3.3.5　支路

（1）居住区。居住区以人行为主，红线采用 22 米，双向二车道，道路中央采用 0.5 米画线方式。断面形式具体采用以下几种模式（如图 5 - 19 和图 5 - 21 所示）：

22 米，车行道 + 自行车道 + 人行道；

22 米，车行道 + 路侧停车 + 人行道。

（2）工业园区。工业园区以车行为主，红线采用 16 米，双向二车道，道路中央采用 0.5 米画线方式。断面形式采用车行道 + 人行道模式。

5.3.3.6　公交车道设计

路段上公交车道可采用限时段公交专用车道形式，设置于外侧车道。公交车道采用公交专用车道标线划分或采用彩色路面铺装方式划分，具体见图 5 - 22 至图 5 - 24 所示。

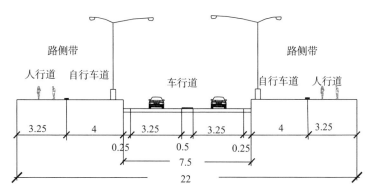

图 5 - 19　居住区支路断面示意（一）（单位：米）

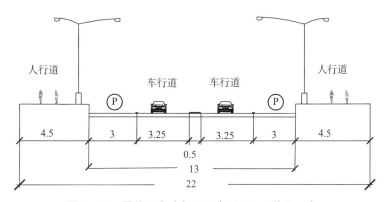

图 5 - 20　居住区支路断面示意（二）（单位：米）

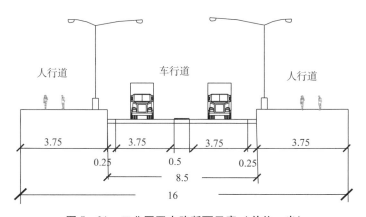

图 5 - 21　工业园区支路断面示意（单位：米）

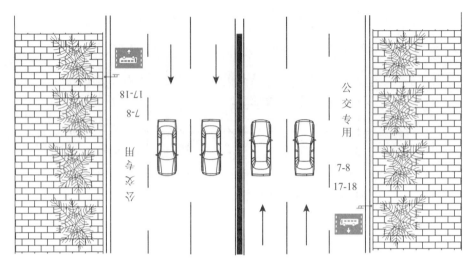

图 5 – 22　公交专用车道示意图

图 5 – 23　专用公交车道标线图

图 5 – 24 彩色路面铺装公交车道

5. 3. 3. 7 路边停车带设计

路边停车位主要设置于居住区次干路、支路机动车道两侧，采用车辆平行于行车通道方向停靠的平行式停车位，在路侧施划停车位标线，并与相应的停车位标志配合使用。对于次干路上的停车位可以考虑设置限时停车位，高峰时段禁止停车，具体如图 5 – 25 所示。

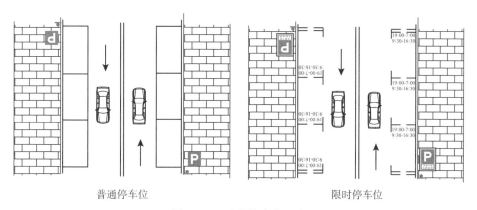

普通停车位   限时停车位

图 5 – 25 路边停车位示意

5.3.4 交通标志

（1）设置交通标志时要注意其视觉背景的选择，如，广告牌、霓虹灯、交通信号灯、告示牌等要注意在视觉上不要与其重叠。交通标志的视觉环境要整体有序，设置重要标志时要提前做好净化视场的工作，杂乱无章的视觉环境容易分散驾驶员注意力。

（2）道路内设置的交通标志尽可能的要采取共杆的方式设置，但是一个支杆上最多不得设四个，且警告标志、限制标志等重要标志应该独立设置。对于四个交通标志的排列顺序，应按标志含义的重要性依次安排。具体安置时，按眼动习惯，先上后下，先左后右。

（3）交通标志的设置应保证标志牌与道路中心线垂直面呈现一定角度，一方面可以减少夜间标志牌对驾驶员产生的眩目，保证视认性；另一方面，可以提高驾驶员对交通标志的视认距离，使驾驶员有充足的时间完成从视认、视读、反映这一过程，提前采取措施。

具体情况如图 5 – 26 所示。

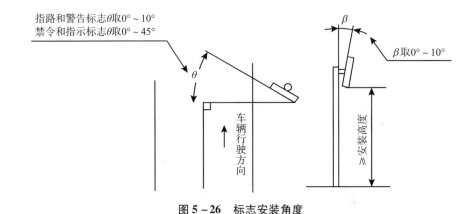

图 5 – 26　标志安装角度

（4）交通标志的语言要简洁清晰，力争用最少的语言准确地表达清楚所附载的交通信息，提高交通标志的视认性。结合其他城市的经验，在标志中引入更多的色彩、图案和文字，丰富道路语言，具体情况如图 5 – 27 所示。

图 5 – 27　指路标志人性化改善（左为更改前，右为更改后）

（5）在分（合）流地点、重要交叉口之前设置预告、诱导的指路标志（即预告标志、最终预告标志、告知标志），可以大大降低指路信息的漏读率，提高标志的容错能力，具体情况如图 5 – 28 所示。

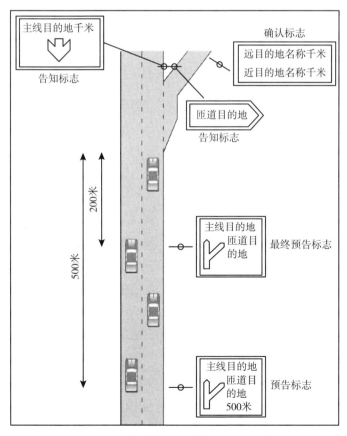

图 5 – 28　提高标志容错能力改善示意

（6）指路标志要具有连续性，要保证这种指引功能准确无误地从甲地延续到乙地，指示标志中的涉及的地名、街道名称要统一。要从外地人的角度去设计指路标志，地名、街道名要尽量使用著名的地点，尽量不使用只有当地人知道的地名。

5.3.5　交通标线

交通标线主要是对车辆行驶提供诱导、分流、提示或限制等作用，用来保证道路上车辆的正常行驶，避免交通事故的发生，并且由于交通标线能够连续设置，所以可以与点状设置的交通标志相互弥补。具体建议为如下。

（1）各种地面指示标线应与空中的指示标志相结合，形成对交通参与者立体的指引，使交通参与者通过观察地面或空中的标志都能及时了解到指示信息。

（2）在对路面交通标线进行改造时，新设的交通标线要完全覆盖原有的道路交通标线，防止误解。

（3）采用彩色抗滑型涂料划制标线和铺筑路面，不仅可以大幅度提高路面的摩擦系数，同时亮丽的色彩也提高了司机的警觉性，有助减速缓行。采用凸起结构型振动反光标线时，一旦车轮辗压在标线上，车身就会产生轻微震荡，同时发出噪音，提醒司机车辆跑偏，另外，凸起部分能使标线在雨夜里仍有较好的反光性能。具体情况如图 5 - 29 所示。

图 5 - 29　标线立体化设计

（4）运用错觉原理，设置减速标线，使驾驶员主动降低车速。一是沿车道横向设置多组振动雨线，每组振动雨线数目逐渐减少，并且每组之间的间距也可适当缩短，使驾驶员产生速度不断加快的错觉；二是沿行驶方向将分道线设计为反向箭头形状，可以使用驾驶员感觉到的速度要比实际的快。具体情况如图 5 - 30 所示。

图 5 - 30　减速标线设置示意

5.3.6　道路几何线形

道路线形进行人性化规划设计时，应当以道路安全为首要条件，将道路线形与道路周围的环境相互协调，合理使用平面线形与纵断面线形的组合，使交通参与者视觉和心理上均得到满足，保证交通行为的平顺性。规划设计原则如下。

（1）道路应当具有优美的三维空间外观，道路线形的设计应当保证其线形顺畅连续，而且对前景要有一定的预知，并且与周围的环境保持一定的比例。

（2）对平面曲线与纵断面曲线应有一定的整合，最理想的是平、竖曲线的顶点相重合，或者是竖曲线的起、讫点最好分别放在两个缓和曲线之间。应当避免在一个平曲线内，竖曲线形反复凹凸或者平曲线与竖曲线组合时出现一个大而平缓，另一个半径过小的情况。

（3）在保证安全的前提下，线形要具备动态平顺性。设计线形应当使驾驶员的视图不会产生波浪式起伏或急剧的转折。

（4）在道路符合设计安全要求的情况下，尽可能使道路线形适应地形和自然景观的变化，力求使道路与周围环境融为一体，减少对周围环境的改变。

（5）借助道路路面标线、护栏、路树等设施的视觉诱导作用，突出道路线形，以保持线形的连续性。

（6）城市快速路在规划时应避免长距离直线，若受周围环境限制必须采取长距离直线规划设计时，应当在道路上以一定的密度设置刺激设施，保证视觉和知觉的变化能够以一定的频率出现，用这种多感观的刺激去保持交通参与者大脑皮层的兴奋。

（7）道路的平曲线不宜过短，且应设置一定的超高，平衡离心力。同时，平曲线的路面应当适当加宽，避免车辆在会车和超车时因距离过近产生危险。

5.4 山地城市道路节点设施人性化规划策略和方法

根据交叉口功能及相交道路等级，将交叉口进行分类并进行交叉口交通设计，提高交叉口通行效率，主要目的如下。

（1）提高通行能力。

（2）减少公交车停靠对车辆行驶的影响，方便市民出行。

（3）保证行人安全，缩短行人过街通行时间。

（4）节约用地，增加开敞空间。

5.4.1 交叉口展宽

（1）交叉口的通行能力应与路段的通行能力相匹配。主干路和次干路上的平面交叉口进口道应设置展宽段，并增加车道数，车道宽度宜为 3.0～3.25 米。

（2）当路段单向两车道或双向三车道时，进口道至少三车道；当路段单向三车道时，进口道四或五车道。

（3）交叉口进口道展宽段长度应根据相交道路等级确定，展宽段长度见表 5 - 16 和图 5 - 31 所示。

表 5 - 16 　　　　　　　　　平面交叉口进口道展宽段长度　　　　　　　　　单位：米

道路等级	交叉口进口道		
	展宽总长度	直线段长度	渐变段长度
主干路	50～80	30～50	20～30
次干路	40～60	30～40	10～20

注：公交停靠站设置按一个车道考虑，重要地区可按两车道考虑。

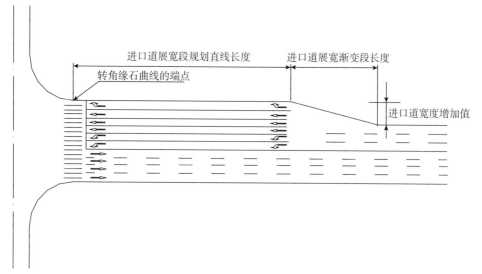

图 5 – 31　交叉口进口道展宽示意

5.4.2　交叉口转弯半径设置的影响因素

为使交叉口上右转弯车辆能保持一定速度沿曲线轨迹行驶，交叉口转角处的路面边缘或缘石应做成圆曲线（也有采用三心复曲线或摆线），其曲线半径在城市道路中称为缘石半径，即转弯半径。具体情况见图 5 – 32 所示。

影响交叉口转弯半径的因素有道路设计车速、车辆自身的最小转弯半径、右转弯车道宽度（包括展宽）、交叉口非机动车道宽度、交叉口道路相交角度等。

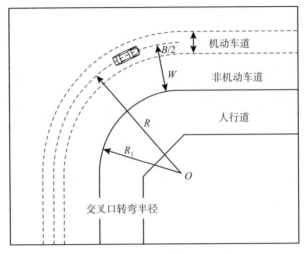

图 5 – 32   交叉口转弯半径示意

受山地城市自由式路网的影响，山地城市道路网中次支路比重较小，快速路及主干路往往承担了快速通行和服务沿线的双重功能，次干路承担着主干路的交通功能。在交叉口转弯半径设置时，需要考虑重庆路网有别于其他城市的特点。

5.4.3　交叉口交通组织

交叉口通过能力小、车速低、行车安全差，其主要原因是存在各种类型的车流交错点，其中以冲突点的影响和危险性最大，而冲突点的产生来源于左转及直行车辆，尤其以左转车产生的冲突点为最多。因此，交叉口车辆交通组织的着眼点，应是解决左转车辆和直行车辆的交通组织问题。

（1）设置专用车道。

（2）左转弯车辆的交通组织。①设置专用左转车道，使左转弯车辆在进入停车线后等候开放通行灯才能通过；②左转弯停车线提前，设置左转弯待转区。

（3）渠化交通组织。渠化组织的方法主要有：①设立单独的右转车道，分流右转车辆，通过交通岛的引导和约束作用，规范路口车流，分散合流分流点；②路口停车线前移，缩短车辆通过路口的距离和时间；③缩短行人过街的距离和时间。

（4）信号控制。交叉口设置信号灯，自行车与人行过街为同一相位，同时为充分利用相位时间，对向直行可掉头，同向左转也可掉头，有掉头标志的交叉口相位相序控制示意如图 5 – 33 和图 5 – 34 所示。

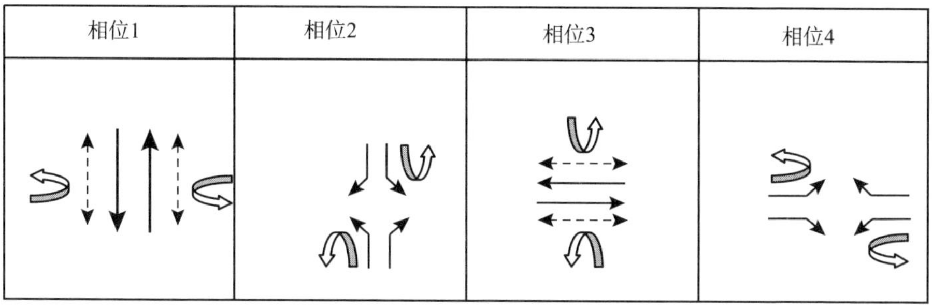

相位1	相位2	相位3	相位4

图 5 - 33   交叉口相位相序示意

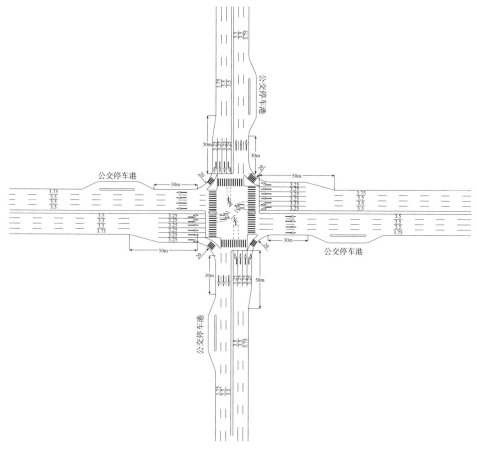

图 5 - 34   交叉口设计示意

5.4.4 规划控制要求和建议

根据山地城市道路网和车辆运行特点，从易于在控制性详细规划中落实控制的角度分析，参考《重庆市城市道路交通规划及路线设计规范》，提出交叉口转弯半径要求如下（见表 5-17）。

表 5-17　　　　　　平面交叉口转弯半径规划控制值　　　　　　单位：米

相交道路性质	快速路	主干路	次干路	支路
快速路	—	—	20~25	15~20
主干路		20~25	15~20	10~15
次干路			10~15	5~10
支路				5~10

在交叉口转弯半径调整后，道路红线控制边界应保持不变。

调整前后对比如表 5-18。

表 5-18　　　　　　调整前后平面交叉口转弯半径对比　　　　　　单位：米

道路等级	快速路	主干路	次干路	支路
对应道路车速（千米/小时）	60~80	50~60	40~50	30
右转弯设计行车速度（千米/小时）	30	25	20	15
《城市道路设计规范》（最小值为非机动车道2.5米）	33~38	20~25	10~15	6~10
《上海城市道路平面交叉口规划与设计规程》（无非机动车道）	35~40	25~30	15~20	10~15
《武汉市城市道路平面交叉口规划、设计、管理技术规定》（无非机动车道）	40	30	20	15
《重庆市城市道路交通规划及路线设计规范》（无非机动车道）	25~30	15~20	10~15	5~10
推荐值	20~25	15~20	10~15	5~10

具体建议为：

（1）在新编控制性详细规划，交叉口转弯半径按照上述标准进行规划控制。

（2）对于已规划控制、尚未建设的交叉口，交叉口转弯半径按照上述标准进行规划调整。

（3）对于已建交叉口，可结合道路的整治改善进行调整。

5.4.5 调整案例

5.4.5.1 主干路—次干路交叉口

在重庆主城区的金通大道与某次干路的交叉口，在原控规中其半径分别采用了 25 米和 45 米。根据上述控制要求，均采取 20 米半径，可以有效缩短行人过街的时间，并降低主干路转入次干路的车辆车速，保证行人过街的安全。具体情况如图 5 - 35 所示。

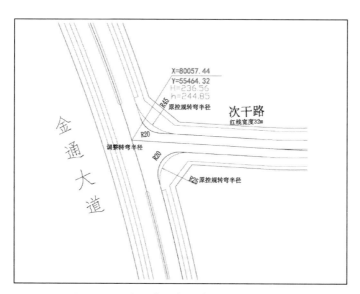

图 5 - 35 主干路—次干路交叉口调整示意

5.4.5.2 次干路—次干路交叉口

工业区某交叉口，是两条次干路相交，红线宽度分别为 32 米和 26 米，在原控规中其转弯半径均采用了 30 米。根据上述控制要求，采用 15 米转弯半径，可满足工业区车辆通行需要，同时也缩短行人过街距离。具体情况如图 5 - 36 所示。

图 5-36　次干路—次干路交叉口调整示意

建议：居住区采用规划控制要求表中下限值，工业区采用上限值。

5.5 山地城市道路分隔带设施人性化规划策略和方法

从相关规定可以看出，设置城市道路中间分车带的出发点是行车安全，并且中央分车带的设置主要是受道路设计车速、道路等级以及用地条件限制。在用地条件允许的情况下，为保证行车安全、满足侧向净宽及安全带宽度要求，道路设计车速越高，越有必要设置中央分车带，且宜采用中央分隔带形式。

5.5.1　城市道路分隔带设施设置基本要求

结合山地城市的实际，为尽量节约用地，针对不同功能的道路，中央分隔带设置的基本要求有以下几点。

（1）鉴于大多数山地城市的目前轨道交通线尚未大规模建设，而且限于山地城市的特点大部分线路将设置在地面上，为保障轨道建设的需要在分车带设置方面有必要考虑轨道交通发展的需要；

（2）为保证行车安全，快速路必须设置中央分隔带，在国标中快速路分车带宽度不小于 2.0 米，但由于山地城市地形的限制，如根据速度来确定中央分隔带取下限值即 60 千米/小时时分车带可设为 1.5 米。当道路用地条件受到限制时，可以不设置中央分隔带，但对向车流必须采用混凝土分隔墩或中央分隔护栏分隔以保证行车安全。

（3）对于城市主次干道，可根据车速不同来确定分车带设置情况：

设计车速大于或等于 50 千米/小时的主干路，由于车速较高，为保证行车安全，国标中规定宜设置中央分隔带，且分隔带宽度不应小于 1.5 米，当道路用地条件受到限制时，可以不设置中央分隔带，但对向车流必须采用混凝土分隔墩或中央分隔护栏分隔。重庆作为山地城市，道路用地条件整体（非局部）受到限制，应可采用分隔物的方式来代替中央分车带。

设计车速小于或等于 40 千米/小时的主干路、次干路，车速相对较低，分车带对行车安全影响较小，为了集约土地利用，不设置中央分车带，但为了行车方便，应采用双黄线分隔对向车流，且双黄线宽度应为 0.45~0.6 米。

（4）支路大部分为生活性道路，不需设置中央分车带，采用单黄线或单白线分隔对向车流便于车辆行驶。

5.5.2　城市道路分隔带设施人性化规划控制建议

具体建议为：

（1）次干道和具有一定城市生活功能的主干道原则上不设置中央分车带。设计车速和运行车速大于或等于 50 千米/小时时，可采用混凝土分隔墩、分隔护栏等分隔物分离对向车流。设计车速和运行车速小于或等于 40 千米/小时时采用双黄线（宽度应为 0.45~0.6 米）分离对向车流。

（2）支路不需设置中央分车带，可采用单黄线分隔对向车流。

5.6 山地城市道路交通附属设施人性化规划研究

山地城市中现状道路附属设施，如，道路绿化、铺装材质和色彩、城市家具、道路广场及街头绿地、隔离栅栏、防眩光板等，在实际规划建设过程中还存在很多不人性化的地方。为了进一步提高道路附属设施的使用舒适度，提出以下人性化规划的建议。

5.6.1 道路绿化

不同功能和等级的道路应有不同的道路绿化环境，为避免道路景观环境的雷同，可采用不同的绿化方式来加强道路的景观特性。

（1）快速路、交通性主干路沿途的绿化应该是一个的动态绿化景观，空间开合和景观尺度较大，能够更明确和加强路线的视觉逻辑性，营造具有导向性、连续性的视觉空间。

（2）为了保持行车视线的通透，快速路、主干路中央分隔带不宜密植乔木，而应以草坪、花卉为主，或选用几种不同质感、不同颜色的低矮常绿树、花灌木和草坪组成模纹花坛，做到图案简洁、层次分明、曲线优美，植物高度不能超过司机视线高度。

（3）对于快速路，路侧绿化带内可种植修剪整齐、具有丰富视觉韵律感的大色块模纹绿带，植物品种不宜过多，一般每隔 30～70 米距离重复一段，色块灌木品种选用 3～6 种，中间可以间植多种形态的开花或常绿植物。

（4）对于交通性主干路，路侧带绿化带植物可采用绿色树种为主、景观树种为辅，大小乔木、灌木、地被植物分层种植，以提高隔离防护作用。乔木可以选择高度在 10 米以上的全树冠品种，树径为 20～30 厘米，树种植株距不小于 6 米。具体情况如图 5 - 37 所示。

图 5 - 37　道路绿化设置示意（一）

（5）对于服务性主干路和景观道路，路侧带绿化植物的配置应兼顾其观赏和游憩功能，种植设计要综合考虑树影对人的遮阴作用，可采用常绿与落叶乔木结合，绿色乔灌木与开花乔灌木结合，用花草和灌木勾画出的美丽图案，并可设置一些供人休憩空间或在绿地内可设游憩步道。乔木可选择树冠高度应在 6 米以上的品种，树种植株距不小于 4 米。

（6）对于次干路，路侧带绿化应以行道树和花灌木为主。行道树应选择深根性、分枝点高、冠大荫浓且落果对行人不会造成危害的树种，如：黄桷树、银杏树，树冠高度应在 6 米以上。花灌木应选择花繁叶茂、花期长、生长健壮和便于管理的品种。具体情况如图 5 - 38 所示。

（7）对于支路，居住区部分路段上可适当布置行道树。

（8）快速路、交通性主干路隧道出入口两侧宜密植对废气有较强吸收作用的乔灌木，可起防眩遮光的作用，有利行车安全。洞口上部应根据护坡固土要求进行绿化栽植。当洞口周围用地比较局促而不能进行防护性的绿化植栽时，可代之以小块的观赏绿地。

（9）在道路弯道和凸形竖曲线上可种植高大乔木以预示路线的变化，起到视线诱导作用。

图 5－38　道路绿化设置示意（二）

5.6.2　铺装材质和色彩

（1）快速路机动车道路面应采用改性沥青砼或 SMA 路面；主干路和次干路一般应采用沥青砼，重点区域（商业区）的主干道可采用改性沥青砼路面，一般区域宜采用普通沥青砼，居住区范围内或其他环境敏感地区的道路应采用降噪路面等环保型路面；支路宜采用普通沥青砼。

（2）人行道铺装面层应平整、抗滑、耐磨、美观，宜采用普通砼人行道板，可以采用透水性强的人行道铺装结构。居住区人行道铺装在材料的选择上，要特别注意与建筑物的协调。

对商业区、金融区、休闲广场等路段，人行道宜选用暖色调，以红、黄为主色，配以黑、白、绿作对比色；对医疗、学校等具有浓厚文化色彩的路段，主色调可选灰白与浅蓝色；对居住区、行政管理区，主色调可选用红、黑或红、白相间的各种图案；对工业区、仓储区可采用灰白色或砌块本色。具体情况如图 5 – 39 和图 5 – 40 所示。

图 5 – 39　铺装材质和色彩设置示意（一）

图 5 – 40　铺装材质和色彩设置示意（二）

（3）快速路、交通性主干路中央分隔带、路侧绿化带的色彩搭配不宜过艳，服务性道路和景观道路的色彩可以较为丰富。

（4）主干路公交专用车道采用可采用彩色沥青路面进行铺装，颜色可选用绿色或红色。

（5）自行车道在机动车道与人行道之间，采用不同材质或彩色沥青砼铺装。

5.6.3 城市家具

（1）路灯设置方式、风格和形式应根据具体路段的性质功能、使用需求、街道特色等综合考虑，应与绿化种植、栏杆等其他空间要素相协调，体现时代气息，重要道路应达到"一路一灯一景"。在山体、水体旁的道路应进行"景观照明"设计。具体情况如图5-41所示。

图5-41 城市家具设置示意（一）

快速路、主干路、次干路道路照明光源应选用寿命长、光效高的高压钠灯，照明灯具，灯杆高8～14米，灯杆臂长1～3米，灯间距40米；支路宜采用小功率高压钠灯或小功率高压汞灯。

快速路主线、交通性主干路立交桥处宜设置30米高杆灯，解决立交大范围的照明，并为增添城市景观营造气氛，其所处位置应离公用建筑和居民住宅较远。

市中心、商业中心等个别对颜色识别要求高的街道必要时可采用金属卤化物灯或中显色型、高显色型高压钠灯。

（2）在人行道两侧适当布置垃圾箱、电话亭、休闲座椅、广告牌、公共场所等城市家具，与周边建筑或设施相协调，最大限度地满足人性化要求。

各种设施整合设计，可以共用一个支柱。如路灯、信号灯、指示牌、广告牌等可共用一个支柱；交通标志背面可以布置广告牌；将座椅与垃圾桶整合，花坛与座椅整合等。具体情况如图 5 - 42 所示。

图 5 - 42　城市家具设置示意（二）

（3）公交车站候车亭应与环境相协调，造型美观，注重细部设计，提供安全、方便、易于辨识、可休憩的人性化候车空间。具体情况如图 5 - 43 所示。

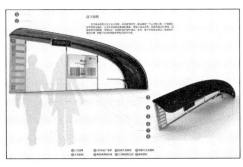
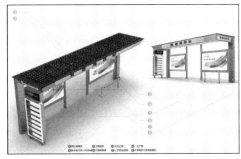

图 5 - 43　城市家具设置示意（三）

（4）交通性主干路、景观性主干路路侧带绿地内可设游憩步道，其间点缀各种雕塑和园林小品。

（5）服务性主干路、景观性主干路、次干路应注意细节的处理，对道路的识别和观赏品质进行升华，使道路具有可读性。根据人在室外的观景习惯每隔一定距离设置一处景观停留点或是引人注意的景观视线，如街头小品。

各种类型的街头小品应根据不同的空间需要，采用不同的风格和事宜的尺度，兼具实用性和艺术观赏性，在造型、色彩、设置位置等方面应相互协调，避免各自为政、杂乱无章，既要平易近人，又要与周围环境相呼应。具体情况如图5-44所示。

图5-44　城市家具设置示意

（6）道路两侧景观应与建筑性质相协调，并设置与之相适应的城市家具。商业服务为主的生活性道路，对停车场、休息空间等要求较多，突出商业气氛。以生活居住为主的道路则多考虑服务设施的设置，并强调夜间的安静性。办公区则强调其标志性。

5.6.4　道路广场及街头绿地

（1）快速路应充分利用立交匝道范围内平缓的坡面布置草坪，点缀有观赏价值的常绿树、灌木、花卉等。

（2）对于主干路、次干路交叉口转角用地可采用开敞式空间设计，并可相应布置街头小品或街头绿地。

（3）街头绿地可在临街道路转角、建筑物旁地、市区小广场及交通绿岛等位置布设。街头绿地上可配置多姿多彩的植物景观、小巧精致的园林小品，配合行树衬托、装饰临街建筑物，产生变化万千的街道景观。

5.6.5　隔离栅栏

隔离栅栏可以设置在道路路段中心线上，是为隔离相向的交通流，防止行人随意穿插道路所设；也可设置在道路两侧缘石边上，防止行人在分机动车道上行走和任意穿越道路。建议在行人任意横穿道路的路段设置中心隔离栅栏，在行人流量较多的路段设置路侧隔离栅栏。

5.6.6　防眩光板

道路中心防眩光板是保证车辆在夜间行驶时避免受对向车辆灯光的影响。在道路的坡顶位置由于行车角度的问题，相向机动车的灯光会越过道路中心防眩光板，从而影响对向机动车的行驶。因此，在道路路段坡顶的位置应当适当提高中心防眩光板的高度在路段上真正发挥防眩光板的作用。

第 6 章

山地城市公共交通设施
人性化规划研究

6.1 山地城市公共交通设施规划现状问题分析

6.1.1 山地城市公交发展现状

6.1.1.1 公交线网和站点覆盖率低

国内大部分山地城市的由于道路网系统不连通，次支路网比例较低，导致公交线网覆盖率低，线路主要布设在主干路上，次支干路公交覆盖率多在 40% 以下，存在着不少公交服务薄弱地区；公交线路重复率高，集中行驶、集中停靠，行、停过程中相互干扰严重，公交运行效率受到很大影响；公交线路过长，增加了公交调度困难，导致准点率低，乘客等车时间过长。

（1）公交线网密度。如重庆主城区现状公交线网密度约 3.22 千米/平方千米，内环以内区域公交线网密度约 3.41 千米/平方千米，内环以外区域公交线网密度约 1.48 千米/平方千米。公交线路要集中于主城中心区，对东西槽谷、北部新区等外围区辐射功能不强。

如图 6-1 所示，重庆主城区公交线路平均运营长度约 18.42 千米，高于规范中 12 千米的上限值。最长公交线路为往返北碚与大渡口之间的 538 线路，达到 53.4 千米。

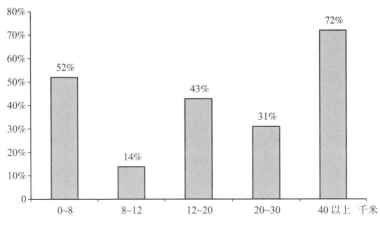

图 6 - 1　重庆主城区公交线路长度分布示意

重庆主城区公交线路重复系数约 3.57，其中渝中半岛区域公交线路重复系数约 6.58，内环以内区域（渝中半岛除外）区域公交线路重复系数约 3.13，内环以外区域公交线路重复系数约 4.29。受地形影响，重庆主城区通道有限，公交线路主要集中开设于主干路上，尤其是各大商圈周边主干路，开设公交线路均超过 20 条。公交车辆列车化、站台拥堵现象严重。

（2）公交站点覆盖率。重庆主城区公交站点 300 米覆盖率为 41.3%，500 米覆盖率为 75.5%。远远达不到《城市道路交通规划设计规范（GB 50220 - 95）》中要求（300 米半径不得小于 50%，500 米半径不得小于 90%）。乘客步行到站距离与步行时间过长。

6.1.1.2　公交停靠站

公交首末站严重缺乏，难以保证公交正常的运营调度；公交港湾式停靠站的建设发展速度缓慢，停靠站的设施建设有待加强。如图 6 - 2 所示，重庆涪陵区部分公交停靠站的停靠形式、间距、位置不满足规范要求。公交停靠站过于集中，站距过近，部分公交停靠站并站问题突出，部分停靠站位置不当。站点过于集中，28 条线路中有 12 条环线，占总线路的 43%。14 条环线中有 8 条线路的起止点位于南门山或其西侧的酱园厂，加上其余 7 条以南门山为起点的线路，共有 15 条公交线路需在南门山转盘周边始发，而站场设施的缺乏导致这些线路的车辆沿公园路停放，给南门山地区的交通带来直接影响。

部分公交停靠站存在停靠能力不足的问题，导致许多公交车在公交站外停车等待和上、下客，这严重阻碍了其他车辆的正常通行，造成交通拥堵。

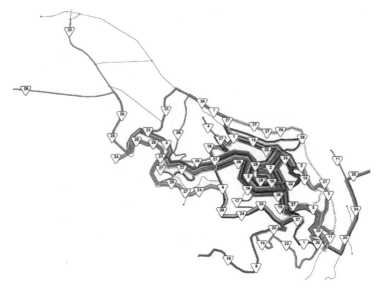

图 6 - 2   重庆涪陵区公交站点设置

公交车辆进出站以及乘客上下车秩序混乱。公交站台过长，许多公交站未按线路对公交车进行停靠点分组，公交车在公交站的停靠位置不固定，乘客难以提前掌握公交停靠的确切位置，公交到站时，乘客随公交车不停跑动，场面十分混乱，加之乘客上、下客秩序也较为混乱，使得公交服务效率非常低下。

6.1.1.3   公交优先措施落后

公交优先更多停留在口号层面，在道路使用、交叉口通过、公交票价等方面均未能很好地体现出公交优先。

6.1.1.4   公交发展资金缺乏，制约了公交进一步的发展

公交是一个社会服务性质的行业，其盈利是微薄的。依据重庆市公交目前经营状况，在发展资金上，仅依靠公交自身力量是不够的。公交发展资金的短缺，从一定程度上制约了公交进一步的发展。另外，企业职工的高劳动强度和较差的待遇形成了较大的落差，从业人员队伍难以稳定，在很大程度上影响了服务质量的提高。

6.1.1.5   公交系统日常管理调度水平低下，缺乏人性化和智能化的交通服务体系

目前重庆主城区公交车日常运营调度管理水平低，不能充分公交车动态运

能。公交客流是一个随时间、空间不断变化的量，充分发挥公交车动态运能，需要深入地把握公交车客流变化规律。受管理手段和技术条件的限制，公交集团还不能依据公交客流的变化，动态实时地进行调度管理，公交车动态运能还未得到充分的发挥。

6.1.1.6　经营管理体制管理不顺，企业内部管理体制存在弊端

主城区地面公交车现主要有常规公交、班线车、接驳小公交车几种形式。其中班线车和接驳小公交车一般采用承包经营的模式，常规公交则主要由公家集团下属的几家分公司分别经营管理。重庆公交在管理模式上实行"多头管理"，使得公交市场规划得不到统一，导致宏观调控失控。由于经营体制缺乏统一规划管理，客运市场容易形成恶性竞争，导致热线重复线路多，冷线无人问津。最终使得线路功能不清，运营范围不明确，严重影响了公共交通客运市场秩序和公共交通服务质量。

6.1.2　山地城市轨道交通发展现状

6.1.2.1　轨道线网空间分布不均衡

重庆市都市中心区域范围内轨道线路长度约 58.4 千米，约占现状全网长度的 29%，客运量约 121.2 万人次/日，占整个轨道线网客运总量的 70%，平均负荷强度 2.07 万人次/千米·日。拓展区范围内轨道线路长度约 143.9 千米，约占现状全网长度的 71%，客运量约 52.1 万人次/日，占全线网客运总量 30%，平均负荷强度 0.36 万人次/千米·日。

6.1.2.2　组团间城市轨道交通出行时间长、换乘次数多

既有城市轨道交通服务部分组团之间联系存在时间长、换乘次数多，需要都市快轨进入中心区与轨道交通无缝衔接，提高组团之间联系效率。

重庆主城区部分对外枢纽、城市重要中心、副中心之间联系时间过长。15% 左右的旅行时间超过 60 分钟，40% 左右的旅行时间超过 45 分钟，55% 左右的旅行时间超过 30 分钟。尤其是部分重要的城市对外交通枢纽之间的轨道交通出行时间过长，27% 左右的旅行时间超过 60 分钟，50% 左右的旅行时间超过 45 分钟，60% 左右的旅行时间超过 30 分钟。具体情况见表 6-1 和表 6-2。

表6-1　　重庆主城区重要城市节点间城市轨道交通出行时间情况

出行时间（分钟）	江北国际机场	重庆北站	重庆东站	重庆西站	沙坪坝站	重庆站	弹子石CBD	江北城CBD	解放碑CBD	观音桥副中心	南坪副中心	茶园副中心	杨家坪副中心	西永副中心	悦来
江北国际机场		15	72	62	48	44	31	31	41	35	42	55	47	75	15
重庆北站	15		52	38	25	20	8	13	23	13	27	37	31	52	48
重庆东站	72	52		64	66	46	45	39	41	51	55	18	63	88	88
重庆西站	62	38	64		14	29	44	44	33	37	32	46	23	29	65
沙坪坝站	48	25	66	14		20	38	28	24	25	29	48	27	13	51
重庆站	44	20	46	29	20		27	16	4	7	7	28	16	42	51
弹子石CBD	31	8	45	44	38	27		10	23	18	26	27	34	65	54
江北城CBD	31	13	39	44	28	16	10		12	8	25	21	35	55	49
解放碑CBD	41	23	41	33	24	4	23	12		16	16	24	20	46	61
观音桥副中心	35	13	51	37	25	7	18	8	16		13	34	22	47	47
南坪副中心	42	27	55	32	29	7	26	25	16	13		37	22	51	60
茶园副中心	55	37	18	46	48	28	27	21	24	34	37		44	70	70
杨家坪副中心	47	31	63	23	27	16	34	35	20	22	22	44		49	54
西永副中心	75	52	88	29	13	42	65	55	46	47	51	70	49		47
悦来	15	48	88	65	51	51	54	49	61	47	60	70	54	47	

表 6 - 2　重庆主城区重要城市节点间城市轨道交通出行换乘次数情况

换乘次数	重庆东站	重庆西站	重庆北站	重庆站	T2 航站楼	T3 航站楼	解放碑	观音桥	沙坪坝	杨家坪	南坪	西永	茶园	悦来	陶家	龙州湾	龙盛	会展中心
重庆东站	0	2	2	2	1	2	1	2	2	3	3	2	0	1	3	3	1	1
重庆西站	2	0	0	1	1	1	1	0	0	1	1	1	1	0	0	1	1	0
重庆北站	2	0	0	0	0	0	1	1	1	1	0	1	2	0	0	1	0	0
重庆站	2	1	0	0	0	1	0	0	0	1	0	0	1	0	1	0	1	1
T2 航站楼	1	1	0	0	0	1	2	0	1	1	0	0	2	0	0	1	1	0
T3 航站楼	2	1	0	1	1	0	0	1	1	0	1	2	2	0	2	1	1	0
解放碑	1	1	1	0	2	0	0	1	0	2	1	2	2	1	2	1	1	1
观音桥	2	0	0	0	0	1	1	0	0	0	0	1	0	0	2	0	1	1
沙坪坝	2	0	0	0	1	1	0	0	0	0	1	0	0	1	1	1	0	1
杨家坪	3	1	0	1	1	0	2	0	0	0	1	0	1	1	2	0	1	1
南坪	3	1	0	0	0	1	1	0	1	1	0	0	0	0	2	0	1	1
西永	2	1	1	0	0	2	2	1	0	0	0	0	0	1	2	0	1	1
茶园	0	1	2	1	2	2	2	0	1	1	1	0	0	1	1	0	1	1
悦来	1	0	0	0	0	0	1	0	1	1	0	1	1	0	0	1	1	0
陶家	3	0	1	1	1	2	1	2	1	2	0	0	0	0	0	1	2	1
龙州湾	3	1	0	0	1	0	1	0	1	0	1	0	1	1	1	0	1	1
龙盛	1	0	1	1	0	1	1	1	0	1	1	1	1	0	1	1	0	1
会展中心	1	0	0	1	0	0	1	1	1	1	1	1	1	0	1	1	1	0
合计	31	11	5	7	8	16	11	9	9	16	10	14	15	7	16	11	15	8

重庆主城区部分对外枢纽、部分城市重要中心、副中心之间换乘衔接较差。南坪、茶园、杨家坪、弹子石几个副中心的连接质量较差，重庆东站与其他对外枢纽间均不能直达，江北机场与几大火车站直达性较差。其中，有68%的出行需要1次及以上换乘。

6.1.2.3　中心区域轨道线网常态化拥挤且换乘通道压力较大

中心区域内部分轨道线路区段处于常态化拥挤状态，部分轨道线路运能不足的。根据现状客流统计情况，重庆轨道一号线歇台子－两路口段、二号线谢家湾－大坪段、三号线南坪－红旗河沟段，高峰时段处于拥挤常态化，高峰小时运能已经饱和，各断面日均客流超过15万人次、平均立席密度超过5人/平方米。其中，轨道三号线高峰小时饱和度达到1.39，平均立席密度超过7人/平方米，而《城市轨道交通工程项目建设标准》（建标104－2008）规定站席区定员标准按6人/平方米计，超员标准按9人/平方米计，超员系数不宜小于1.4，轨道三号线部分区段的拥挤状态突出，换乘通道压力较大，乘坐舒适度较差。具体情况见表6－3。

表6－3　　　　　　　　　　　　　重庆市高峰小时运能

线路	现状高峰小时运能 （万人次/小时）	高峰小时高断面单向客流量 （万人次/小时）	满载率
一号线	2.7	2.83	1.05
二号线	1.9	1.96	1.02
三号线	2.4	3.34	1.39
六号线	2.0	1.63	0.82
国博线	0.36	0.043	0.12

6.1.2.4　中心区域范围内线网密度不足，车站数量偏少

由于重庆市主城区道路交通压力日益增大，市民对轨道交通出行接受度日渐提高，对大运量轨道交通有迫切需求，但目前重庆主城区内环范围内轨道线网密度仅0.20千米/平方千米，轨道站点500米覆盖率仅21.3%，明显低于北京、上海等地相同区域内轨道线网密度、站点覆盖率水平。轨道线网密度不足、站点偏少造成中心区域客流过于集中，部分区段及站点呈现常态化拥挤，影响轨道服务

功能的发挥。具体情况见表6-4。

表6-4   轨道线网密度及车站数量对比情况

项目	北京四环	上海中环	重庆内环
面积（平方千米）	299	314	294
线路长度（千米）	221	251	58.4
线网密度（千米/平方千米）	0.74	0.80	0.20
车站数量（座）	137	150	58
站点500米覆盖率（%）	34.2	35.8	21.3

6.1.2.5 轨道线路较长、站间距小、旅行速度慢、运行时间长

重庆市主城区已运营的四条轨道线路中，部分轨道线路运营里程较长，且站间距较短，未体现都市功能拓展区与都市功能中心区域的差异化设置要求，无法充分发挥快速服务功能。例如，轨道三号线运营线路里程全长56.1千米、设站39座，平均站间距约1.5千米，旅行速度不足35千米/小时，局部区段旅行时间较常规公交更长，轨道交通快速的作用无法得到有效发挥。具体情况见表6-5。

表6-5   运营轨道线路旅行速度及运营时间

线路	一号线	二号线	三号线	六号线
最高运行速度（千米/小时）	100	75	75	100
旅行速度（千米/小时）	43.3	32.9	34.9	48.9
贯通运行时间（分钟）	55	60	100	80

6.1.2.6 城市轨道交通承担大量长距离跨组团出行

通过轨道运营公司全网闸机数据分析可得，轨道交通出行乘客平均出行时耗30~35分钟，平均出行距离12.9~14.9千米。是小汽车的6.3千米、公共汽车的5千米平均出行距离的2~3倍。因此，轨道交通线路承担了更多的是长距离的跨组团出行。

6.2 国内外相关城市案例研究

6.2.1　地面公交

6.2.1.1　公交线网

（1）德国慕尼黑：以公共交通为导向，形成层次分明、结构多样的公共交通系统。

慕尼黑无论是城市形态布局还是城市规划都是以公共交通为导向的，在规划指导下，公共交通系统由三个层次分明的系统构成：U–巴恩（U–Bahn），即德国的城市地铁，服务于城市中心地区；S–巴恩（S–Bahn），即德国的郊区轻轨，为远郊的居民往返城区提供便利；市区运行的有轨电车（Tram）和公交车（Bus），作为轨道网络的接驳。当地政府组建了一个地区管理部门，来确保快速轨道网的运行时刻和配套的公交服务能相吻合。统一票价保证整个公共交通网络的票价系统是高度整合的。总体上，慕尼黑拥有高度发达的轨道交通和公交网络，使得这个以汽车制造工艺发达、高速公路没有限速而闻名的城市，公共交通一直保持着重要地位。

（2）新加坡：由地铁、轻轨、公共大巴、出租车组成的不同层次的公共交通网络覆盖城市各个角落。

新加坡公共交通非常发达，公共交通已成为新加坡人最热爱的首选交通工具。目前，新加坡轨道交通网络总长 145 千米，其中，地铁最为发达，分为南北线、东西线、东北线和环线，从每个地铁站到附近的公寓最大步行距离不超过400 米，公共交通线路达 350 余条，新加坡的城市主干道都有公共汽车专用道，公交车在高峰期及规定的时段内有优先通行权；十字路口的专用道是允许其他车辆进入的，目的是为了加强路口通行能力。在层次分明的发达公共交通系统支撑下，新加坡公共交通出行分担率达到 55% 以上，绝大部分公共交通使用者在早高峰时段可以在 45 分钟内完成出行。新加坡基本保证居民步行距离 400 米以内均能找到公交站点。

北京为了鼓励市民使用公交，最大程度方便市民乘车，缩短到站步行距离，2016 年，北京的"线网覆盖率"为 78%，说明 78% 的城市路网有公交线路经过。另一个指标"500 米站点覆盖率"，指的是公交站点 500 米范围覆盖的区域面积（重叠部分只记一次）占城市核心区域总面积的比例。北京的"500 米站点覆盖率"为 80%。

中新天津生态城开展了《公共交通网络与服务发展规划咨询服务项目》，在借鉴国内外先进公共交通规划管理经验的基础上，生态城结合当地实际确定了"3 纵 1 横 12 循环"的分层次公交网络架构。区域内将同时运营三种不同类型的车辆，在干线运行 BRT（快速公交系统）、在支线运行混合动力公交、在微循环线运行纯电动小型公交。同时，通过对公交场站设施功能、规模、位置等进行合理布局和规划，使公交干线平均站距达到 726 米、支线平均站距达到 467 米、微循环线平均站距达到 293 米，实现以公交站点 500 米为半径的 100% 公交覆盖率。

6.2.1.2　公交停靠站

巴西南部巴拉那州首府库里提巴市，是联合国命名的"生态城市"，库里提巴独特的公共汽车站为直径约 2 米的透明圆筒式的公共汽车站。圆筒的一端是入口，另一端是出口。入口处设有旋转栅栏和售票台，乘客买票后推动栅栏进入站台候车。乘坐轮椅的残疾人由液压升降平台送入站台。车站靠马路一侧是两道气动门。汽车靠站时车门和站台门对接，同时打开，这种特别设计的公共汽车没有上下台阶，底盘与站台高度相同，上下乘客进出汽车时如履平地，方便快捷，有些像地铁列车。这种公交车系统也有人称作地面地下铁。

6.2.1.3　公交优先方面

为了充分体现公交优先，在我国香港特区、新加坡、英国等一些城市（见图 6-3）很多主干道上都设置公交专用道，并在交叉口设置公交优先通行信号灯，从时间上、空间上给予公交优先通行的权利。

有些城市，例如，台北市另加设栅栏隔绝公共汽车及其他车辆，以防止意外事故。在香港，巴士专线的设立主要是让公共汽车在交通高峰的时间仍然有可以走的路面，以保障使用公共交通工具的大多数乘客。公共汽车专用道可以有时间限制的，例如，在香港和新加坡，某些专用道在指定高峰时间以外，可以允许其他车辆使用。

芝加哥市采取公交车到站"间隔均匀"的方式减少乘客等车的时间，以增强公交吸引力。美国芝加哥市的公交管理透出浓浓的"技术味"。芝加哥市交通局在 5 条公交线路上进行了试验，内容包括在终点站监测发车和抵达时间，安排后行车辆超越先行车辆和调整发车时间等。通过使用各种方法，使公交车辆到站间隔变得更加均匀。20路麦迪逊巴士使用"公共汽车跟踪器"导航装置，为乘客提供预计到达、停靠信息。

图6-3　在英国伦敦市中心，一辆巴士和其他汽车各行其道

"人多路少"是新加坡的客观现实。新加坡交管部门表示，更多造路，一味扩容，以应付出行需求，是不可持续的，必须从乘客角度出发，进行需求管理。需求管理目的之一，是要让低收入群体负担得起。监管公交车和轨道交通票价的新加坡公共交通理事会认为，公交出行成本与就业是互相关联的，因此会定期追踪每个家庭公交支出与收入的平均比例，确保公交票价不致过高。同时，新加坡政府还给予较低收入家庭更多公交费用援助。其中，政府援助包括"工作福利计划"，社会援助包括每年分派的"交通礼券"等。

国内北京和上海：通过政府补贴形式，制定较低的公交票价在票价方面，北京实施票价改革后，单次乘坐公交票价低至0.4元，乘坐轨道交通单次均为2元。上海市政府2009年投入的公交财政补贴达36.3亿元，最大限度地分摊居民公交出行成本。

6.2.2　轨道交通系统

6.2.2.1　提高轨道线网规模和站点覆盖率

在日本整个东京都市圈范围内，轨道交通构成了城市公共交通的骨架体系，特别是在连接市区与郊区及远郊区的放射线方向上，更是占据主导地位。东京大都市圈现有铁路 2000 多千米，其中地下铁 280 多千米。轨道交通系统每天运送旅客 3000 多万人次，担当了东京全部客运量的 86%。在早高峰时的市中心区，有 91% 的人乘坐轨道交通工具，而小汽车仅为 6%。具体情况见图 6 - 4。

图 6 - 4　东京地铁 JR 路线

香港地区的可建设用地面积狭小，人口密度高，借助其发达的轨道交通运输系统，在促进土地利用与交通运输协调发展方面几乎做到了极致。香港地铁占公交系统总载客量的 35.5%，占过海载客量的 60% 左右，占机场载客量的 25% 左右，是香港公共交通骨干。现状轨道运营里程 220 千米，客流量每日 230 万人次左右。具体情况见图 6 - 5。

6.2.2.2　提高轨道站点周边用地开发强度，提高轨道设施利用率

我国香港、日本、新加坡等国家（地区）的城市均有相关政策保证轨道站点周边高容积率的开发，如香港《建筑物规划准则》将轨道站点周边列为一类住宅用地，建议高容积率开发。在都会区，住宅建议容积率现有发展区为 8 ~ 10，新区和综合发展区为 6.5，在新市镇住宅区建议为 8；日本《第三次东京都长远发展计划》提出"结合轨道车站的各级商业叶中心强化土地的高度利用"，车站周边现状容积率在 5 ~ 15 之间，容积率随距车站距离的增大而逐渐降低。具体情况见图 6 - 6。

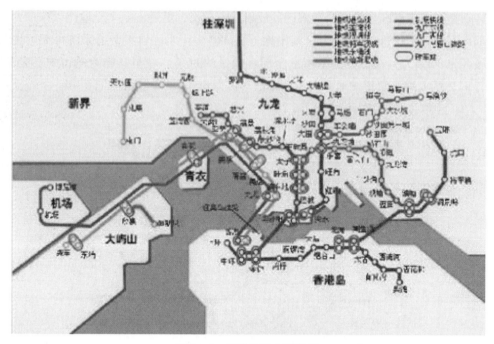

图 6 - 5　香港轨道交通路线

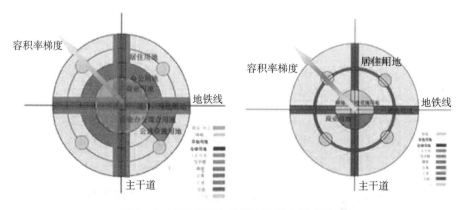

图 6 - 6　容积率距车站距离的梯度递减示意

　　轨道交通为高容积率开发地块提供良好的外部交通条件。与轨道车站周边高容积率开发相对应的是，在轨道车站外围发展区采用低密度、低容积率开发，营造良好的城市空间环境。如香港约有 45% 的人口居住在距离地铁站 500 米的范围内（如果仅以居住在九龙、新九龙以及香港岛的居民计，这一比例更高达65%）。与此同时，在轨道车站以外地区控制大量的郊野公园，大密大疏的布局为城市环境品质提升提供了基本条件。也正因如此，香港才能实现以区区 1104 平方千米用地容纳 700 多万人口，且保证有良好的生态环境。具体情况见图 6 - 7。

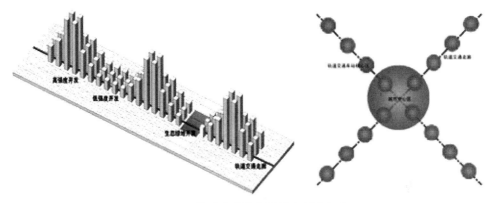

图 6 - 7　轨道交通主导的城市形态示意

深圳在轨道上盖物业开发方面已经取得较为成功的经验，具体有：

（1）成立了由深圳市政府副市长任指挥长、深圳市政府副秘书长兼任市轨道交通建设指挥办公室主任的轨道交通建设指挥部，综合协调市级各部门、各区政府关系，不定期召开轨道交通建设工作会议，协调解决各种矛盾，为地铁上盖物业开发提供了很多便利通道。

（2）在用地法定图则阶段（用地控制性详细规划阶段）将轨道交通生产及换乘设施用地性质表示为"市政设施 + 物业开发"综合用地性质，对开发强度则给定了一个幅度较宽的浮动值（如容积率在 2 ~ 6 之间等）。

（3）没有不加选择地对所有的车辆段、换乘枢纽进行上盖物业开发，而是结合周边区位、轨道车站条件、道路交通承载能力等综合选择开发条件较好的车辆段、换乘枢纽等进行上盖开发。

深圳所上盖车辆段均有轨道车站出入口接入，而有些轨道车辆段、停车场处于城市外围区边缘，且由于地形、距线路正线较远等原因，往往车辆段距轨道车站的距离在 1.5 千米以上，周边交通不便等，这种车辆段就不适合上盖物业开发。具体情况见图 6 - 8。

（4）在车辆段规模控制预留时，除划拨能满足轨道车辆段正常的功能布局的道岔、试车线、停车库、维修厂房、管理用房等用地外，还结合用地形状、周边路网等。另外，规划控制了占车辆段用地总规模 30% 左右的白地，供车辆段上盖集约开发利用。具体情况见图 6 - 9。

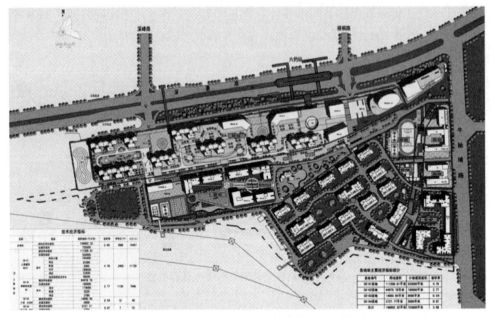

图6-8　车辆段上盖应距地铁车站出入口较近

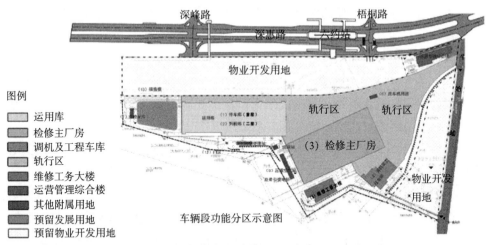

图例
- 运用库
- 检修主厂房
- 调机及工程车库
- 轨行区
- 维修工务大楼
- 运营管理综合楼
- 其他附属用地
- 预留发展用地
- 预留物业开发用地

图6-9　深圳地铁横岗车辆段预留的物业开发用地示意

　　由于车辆段占地形状一般不太规则，会形成一些边角料用地，不利于土地的集约利用。同时也由于车辆段上盖开发后，上盖平台与周边路网有一定的高差，为便于车辆段上盖平台上交通的协调性、便利性、互补性，以及各相邻地块之间的交通联系，需要一个交通过渡平台，来加强上盖物业与周边交通的一体化衔接等。深圳往往结合用地形状、周边路网等情况，另外规划控制了约占车辆段用地总规模 30% 左右的白地，供车辆段上盖集约开发利用，这样可增加土地的集约利用，同时也使车辆段上盖建筑布局更为科学合理，实现国有资产利益的最大化。

（5）深圳地铁公司提前介入轨道车辆段方案设计，委托地铁设计单位和上盖物业开发建筑设计单位提前编制上盖项目详细蓝图，并提前做好其他与车辆段有关项目的规划预留工作，为规划条件的拟定打下良好基础。

深圳地铁在规土委确定哪些车辆段可以上盖开发后，随即就委托地铁设计单位和上盖物业开发建筑设计单位提前编制上盖项目详细蓝图，并提前做好其他与车辆段有关项目的规划预留工作，为规划条件的拟定打下良好基础。而不是等到某一条地铁线路在建设时或将要建成通车时再来考虑车辆段上盖开发，这样就避免了因为要抢抓地铁建设工期而没有充分时间来考虑地铁上盖物业开发的控制预留等，也有利于规划、国土等部门有较为充足的时间来论证规划设计条件等。

（6）分层出让（地下车辆段行政划拨给深圳地铁集团，地上上盖部分及白地部分通过招拍挂变为出让用地），在土地招拍挂阶段对竞买申请人主体资格进行明确要求，保证深圳地铁公司具有优先竞买权。

由于地铁车辆段上盖物业需要处理好轨道车辆段与上盖物业的关系，协调涉及的技术问题、难度等较大，深圳政府倾向于由深圳地铁公司获得地铁上盖物业开发权。因此，深圳在土地招拍挂过程中，对竞买申请人主体资格提出以下要求：具备下列条件的公司、企业，可独立（不接受联合）竞买：在中华人民共和国境内注册的企业法人单位，具有地铁线路及附属设施建设、运营、管理及相关土地综合利用经营范围，并拥有建设 1 条以上（含 1 条）地铁线路的经验。

（7）在开发建设模式上由深圳地铁公司竞得土地后，联合其他物业开发公司进行联合开发。由于深圳在"招拍挂"政策上的支持，目前深圳轨道车辆段上盖的开发权均由深圳地铁公司竞得。在后期办理相关手续及详细蓝图等论证过程中，深圳规土委不接受由深圳地铁公司和其他物业开发公司联合报批。深圳地铁公司在竞得土地后，可以成立项目子公司，但需符合以下条件：项目子公司须为竞得人全资子公司；在轨道交通线路试运营之前，该项目公司的股权不得转让；项目建成后由轨道公司负责协调解决轨道与上盖物业相关的矛盾，形成"终身负责制"。

（8）深圳车辆段上盖物业开发中，兼顾了一定比例的保障性住房和公共配套设施。在深圳地铁二期已经开始上盖的 5 座车辆段中，有 4 座车辆段配套有保障性住房（另外一座车辆段为香港港铁的龙华车辆段），保障性住房建筑量一般占上盖总开发量的 30% ~ 60% 之间（如深圳横岗车辆段上盖物业总建筑面积 58 万平方米，其中保障性住房部分建筑面积 18 万平方米，占 31% 左右；前海车辆段上盖物业总建筑面积 141 万平方米，保障性住房面积为 56.4 万平方米，占 40% 左右；塘朗车辆段总建筑面积 53.93 万平方米，其中保障性住房面积 26.98 万平方米，占 50% 左右；蛇口西车辆段上盖物业总建筑面积 30.63 万平方米，其中保障性住房面积 18.18 万平方米，占 60% 左右），保障性住房用地面积一般占上盖开发总面积的 50%~70%（蛇口西车辆段上盖用地总面积为 12.6 公顷，其中保障性住房占地面积 6.6 公顷，占 52% 左右；塘朗车辆段上盖用地总面积 23.51 公顷，其中保障性住房占地面积 17.12 公顷，占 73% 左右），且基本配套了小学、幼儿园等公共配套设施。具体情况见表 6-6 和图 6-10、图 6-11。

表 6-6 深圳地铁车辆段上盖物业开发相关数据

项目站点	用地面积	建筑面积	容积率	保障性住房	地铁出入口	公共配套
前海	50 公顷	140 万平方米	2.7	有	有	有小学、幼儿园
蛇口西	12.6	30.63	2.43	有	无	无小学，有幼儿园
横岗	26.72	51.5/72.42	1.9/2.7	有	有	有小学、幼儿园
龙华	20.4	56	2.75	无	有	无小学、有幼儿园
塘朗	37.82	47.92	1.27	有	有	有小学、幼儿园

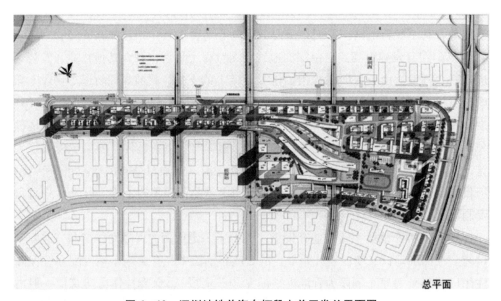

总平面

图 6-10 深圳地铁前海车辆段上盖开发总平面图

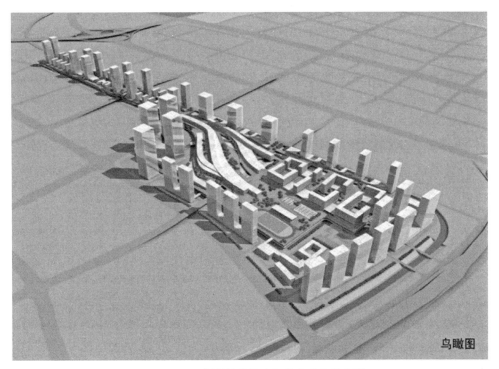

鸟瞰图

图 6-11　深圳地铁前海车辆段上盖开发鸟瞰

其中保障性住房及相关配套设施等均由竞得人代建，建成后产权归政府并向市住房保障部门移交。竞得人竞得后应当就该宗地上保障性住房等地上建筑物的建设、移交等问题与市住房保障部门签订保障性住房代建协议。

深圳前海车辆段用地面积约 48.97 公顷（其中车辆段上盖面积 35.1 公顷，白地面积为 13.87 公顷），建筑面积约 141 万平方米（保障性住房面积为 56.4 万平方米，占总建筑面积的 40% 左右），平均容积率为 2.8，紧邻地铁出入口。

前海车辆段上盖在竖向上分为三层：

首层生产界面：地铁车辆段使用用房，层高 9 米。

二层（9.0 米板）城市通行界面：主要为物业小区车库、少量商业用房、设备用房及城市交通换乘空间，层高 7 米。

三层（16.0 米板）小区界面：以上为商住及办公建筑。

6.3 山地城市公共交通设施人性化规划策略和方法

6.3.1 山地城市常规公交人性化规划策略和方法

6.3.1.1 提高公交线网服务水平和站点覆盖率

提高公交服务覆盖率，实施公交"门到门"服务，同时控制站点停靠公交线路数。让公交车进社区，实现公交门到门服务，缩短到站步行距离，实现建成区所有居民出门400米范围内均能找到公交车站。公交线路布设深入次干路与支路，提高公交线网密度，让公交线网覆盖80%的支路。大力提高外围地区的公交服务，公交配套设施（首末站、中途站、枢纽站）与外围地区的开发同步等。

6.3.1.2 加强公交停靠站服务能力

（1）公交首末站主要结合新建的公共建筑和居住区进行配建，提高配建标准，根据规划人口进行总量控制，根据不同用地性质及规模进行布局。

（2）在规划建设公交停靠站点时，要考虑与轨道交通站点距离，控制站间距为300～500米，减少步行到站距离。减少单个站点的停靠公交线路，建议每个站点线路不超过8条。平行公交线路实行错站停靠，防止车辆停靠过度集中。对于较长的公交站台，建议进行分站台设置，并固定公交线路。

（3）公交停靠站形式。主干路上应设置带隔离设施的港湾式停靠站，宽度不应小于7.5米（分隔带0.5米，停车带宽7米）；在次干路上宜设置划线式停靠站，划线式停靠站单车道宽度不应小于3.5米。主干路上的港湾式停靠站站台长度最小60～80米，次干路最小40～60米。人行过街设施应结合公交停靠站设置。具体情况见图6-12。

（4）公交停靠站间距。路段上公交停靠站间距应为300～500米。具体间距大小应根据建设强度、客流量等实际情况确定。在商业中心区，应增设辅站，公交停靠站与辅站站间距不大于50米。具体情况见图6-13。

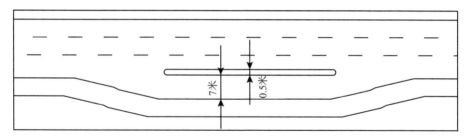

图 6 - 12 带隔离设施的港湾式停靠站设置示意

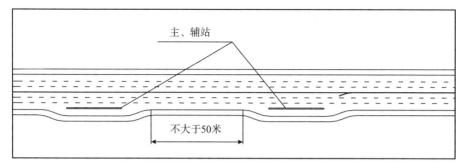

图 6 - 13 公交停靠站主辅站设置示意

路段上的公交停靠站上下行应在平面上错开设置，错开距离应不小于 30 米，且不应大于 80 米。具体情况见图 6 - 14。

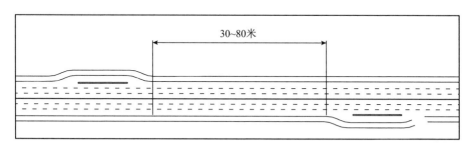

图 6 - 14 公交停靠站错开设置示意

（5）公交停靠站位置。平面交叉口处的公交停靠站应设置在交叉口出口道，出口道设置有困难时，可将停靠右转公交线路的停靠站设在进口道。

公交停靠站设置在交叉口出口道时，公交停靠站应设在距对向停车线不小于 20 米处。具体情况见图 6 - 15。

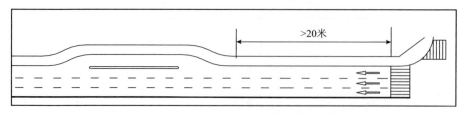

图 6 – 15　出口道公交停靠站的设置示意

特殊情况下公交停靠站设置在交叉口进口道时，当进口道展宽时，停靠站应设在展宽段之后至少 15 米处；进口道右侧没有展宽时，停靠站应在停车线之后 40～60 米处。具体情况见图 6 – 16 和图 6 – 17。

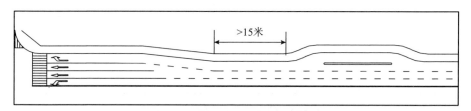

图 6 – 16　进口道展宽情况下公交停靠站的设置示意

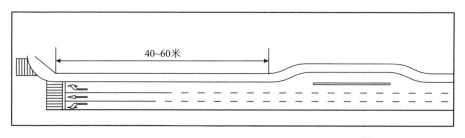

图 6 – 17　进口道不展宽情况下公交停靠站的设置示意

立体交叉口的公交停靠站的设置要求：设置在离开出口匝道终点后的 80～100 米处，或设置在进口匝道起点前的 80～100 米处。具体情况见图 6 – 18。

6.3.1.3　公交优先措施

尽快落实公交车辆在路权使用上的优先，在公交车流量较大的主干道设置各类公交专用道，在路段上设置彩色路面铺装，并加设隔离设施，在信号交叉口设置公交车优先通行信号灯，在公交港湾站出口设置社会车辆让行标志确保公交优先。从时间上和空间上在城市道路交通系统中给予城市公共交通车辆优先使用的权力，提升公交车运营速度与准点率，吸引更多的市民选择高效率的公交方出行式（见图 6 - 19）。

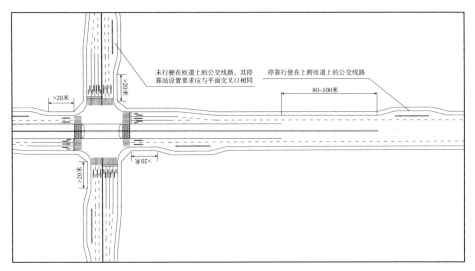

图 6 - 18　立体交叉口处公交停靠站的设置示意

图 6 – 19　公交专用道设置示意

6.3.2　山地城市轨道交通人性化规划策略和方法

　　山地城市因其地理环境所限，城市被山和水分割，可建设用地面积较少，人口密度高，交通受穿山隧道、过江桥梁的制约较大。良好的轨道交通人性化规划方法和策略对提升城市交通服务水平，缓解山地城市交通拥堵具有极为重要的意义。

6.3.2.1　实行轨道交通引导城市发展的"TOD"模式

　　随着社会经济不断发展，城市也不断向外拓展，山地城市多具有多组团的城市布局特征，较适合采用轨道交通引导发展的"TOD"模式来支撑城市向外拓展，通过增加轨道线网规模及密度，加强中心区对外围区的引导，以时间换空间，来支撑城市空间格局的变化。

6.3.2.2　实行轨道车站与物业的综合开发策略

　　轨道车站是轨道交通功能发挥的核心，保证轨道车站核心范围内高密度的综合开发能实现轨道交通利益的最大化，可无须政府投入建设运营资金、补贴营运和担保贷款；能够有效利用车站及车辆段上盖空间、集约土地利用资源；也可鼓励更多居民使用轨道交通，实现"轨道＋步行"的出行方式，保障轨道交通客流量，提高轨道交通运营效益。对于轨道车站上盖物业和周边用地开发，可加大开发强度，增加高密度居住和商业开发用地比重。

6.3.2.3　实行以轨道交通为骨干，地面快速公交和普通公交为主体，其他公交方式为辅助，多种方式并存且有效衔接的综合交通系统

在现代化的城市综合交通体系中，轨道交通系统表现为一种走廊型的运输系统，而地面公交、私人交通则表现为集散型交通系统。由于重庆山地城市有限的道路资源特征，应进一步提高轨道交通在出行方式中的比例，实现轨道交通的主体地位。

6.3.2.4　增加轨道线路间的同站台换乘，创造便捷的轨道换乘系统

轨道线路间的同站台换乘，能加快客流在不同方向线路之间的转换速度，提高整个网络的运营效率，也可通过便捷的换乘在一定程度上避免将每条轨道线都穿越城市中心区。

6.3.2.5　轨道交通规划和建设过程中，应及早编制轨道车站周边城市设计和控制性详细规划，将轨道车站与其他交通方式间的整合要求纳入控制性详细规划

根据调查，目前重庆主城区轨道 6 号线一期工程有 65% 的车站出入口与公交的衔接不理想，有 32% 的出入口没有与人行过街系统相衔接，大部分的车站没有预留停车换乘设施，轨道交通与其他交通方式之间的衔接不甚理想。造成这种现象的原因在一定程度上是在规划编制时，缺少针对轨道交通车站的控制性详细规划环节，没有将轨道交通与其他交通方式的规划要求纳入控制性详细规划，导致轨道交通车站在具体设计时无章可循，遇到了许多问题。

因此，在山地城市轨道线网规划中，应编制轨道交通车站控制性详细规划，将轨道车站规划要求纳入控制性详细规划，努力创造便捷的轨道换乘系统，将轨道车站出入口与周边建筑紧密协调，打造以轨道车站为核心的综合交通枢纽，扩大轨道吸引客流的范围，提高轨道交通运营效益。探索轨道周边用地开发的规划动态实施管理方法，对于轨道车站周边已出让开发用地，在规划实施管理过程中，应明确要求其与轨道车站间应具有良好的衔接对于已出让用地，在规划建设方案审查前，应规定其尽量预留与车站通道联系。

第7章

山地城市步行交通设施
人性化规划研究

7.1 城市步行交通设施规划研究综述

7.1.1 城市步行系统

7.1.1.1 步行空间的发展历程

"新城市主义"提出大多数街道应具有步行的可能性，街道应该不宽，汽车能缓慢驶过，与行人有友好的关系，高质量的人行路网和公共空间使得步行成为愉悦的体验。阿伦·贾各布森《观赏城市》也表达了类似的观点：步行是欣赏建筑局部、细部和城市细节的唯一方法，步行是人在日常生活中最普遍的行为，也是最自然、最个性、最自由、最舒适的活动。本节首先对城市步行空间的发展阶段进行分析和总结。

第一阶段为人车混行，且街道承担了多种功能。1880 年，所绘的哥本哈根主要街市的圣诞节景象，那时的街道既是工作场所，也是运输和贩卖商品的地方；1960 年，同一街区已被汽车交通所蚕食，行人被排挤到两侧狭窄的人行道上。

第二阶段为商业步行街。20 世纪中期，步行街开始迅猛发展，步行、购物以及观光成为主要的活动内容，直到今日，在中国等发展中国家，步行街也是步行活动的主要空间。

第三阶段，街道与空间的整体协调，提供更多的交往功能。现在的步行空间，除了提供购物等传统功能外，越来越注重细节的设计，在步行空间设计方面，从人的需求出发，为人们提供更多的交往空间，人们愿意在此类空间中休憩、聊天等。

第四阶段，公共空间，体现城市的人文内涵。随着人们交往的增多，步行空间逐步发展成为体现城市人文内涵和底蕴的公共空间，雕塑的设计、街头小品的布置、座椅的安放、地面的铺装等都体现出每座城市独特的韵味，巴塞罗那的城市复兴经验使其获得了"国际都市设计奖"第一名。

7.1.1.2 步行空间的要求

功能：安全、便捷、舒适、吸引人、避免不利的天气影响。

尺度：不宜过大。

步行距离：实际距离 400～500 米。

步行路线：不绕行。

步行环境：变幻的空间，不枯燥。

铺装材料与路面条件：卵石、砂子、碎石以及凹凸不平的地面在大多数情况下是不合适的，避免潮湿、滑溜的地面。

高差要求：尽量平顺，不要出现高差。

坡道与台阶：如果步行通道必须上下起伏，宜选用坡道而不是台阶。

气候潮湿、炎热或雨多的城市：与建筑物结合共同布置人行通道，成为室内建筑的一部分，避免风吹雨淋。

相配套的设施：座椅（便于人们驻足停留）、绿化、小型广场、雕塑、喷泉等。

与周边整体环境的协调。

7.1.1.3 共享街道

街道完全是居住环境的物质的和社会的组成部分，它同时提供汽车行驶、社会交往、市民活动使用，其根本理念是，构造一个统一体，强调共同体和居住使用者，行人、玩耍的儿童、骑自行车的人、停靠的车辆和行驶的汽车都分享着同一个街道空间。即使这些用途相互矛盾，实际的设计中也要把驾车者置于一种次要状态。在共享街道系统中，行人和汽车共用同一个空间，这一空间被设计成迫使汽车缓慢行驶的格局，支持嬉戏和社交的用途，这一系统把汽车交通纳入了一个完全一体化的系统，因此它并非一项反对汽车的政策。共享街道理念在欧洲广受欢迎，已在多个国家实施。共享街道具备了集居住、草地和会面地的首要功能，它也具备附属功能，即承载交通的通行、提供停车空间，但是这都不是刻意为了满足交通而做出的设计。其设计特征如下。

（1）是一个居住性的公共空间。

（2）不鼓励交通畅行无阻。

（3）行人与汽车共享路面，行人在整条街上享有优先权，在每一处都可步行、娱乐。

（4）它可以是一条街道、一个广场（或其他形式），或者是一个空间的连接处。

（5）它的入口处被明确标出。

（6）没有老一套的带升高路沿石铺装的直道，路面（车行道）和人行道（慢车道）没有严格分界。

（7）车速和行车受自然状态的屏障、偏向、弯曲度和波浪形约束。

（8）居住住宅前有汽车通道。

（9）区域内设有广泛的景观美化带和街道设施。

一些优化居住街道标准的设计准则。

（1）支持居住街道的多重用途。

（2）为居民的舒适安全而设计和管理街道空间。

（3）提供一个连接极佳的趣味盎然的步行网。

（4）为街道居民提供便利的通道，但不鼓励交通；允许交通通行，但不为其制造便捷设施。

（5）以功能区分街道。

（6）把街道设计与自然和历史遗址相联系。

（7）通过最小化用地建设街道的土地量来保存土地。

7.1.2　传统街道空间

国外并没有专门对传统风貌街道做出定义，但是欧美国家在针对传统风貌街道的保护和发展的实践方面较为丰富。欧、美等西方发达国家城市化进程较早，城市街道的演进已经迈向成熟阶段，加上西方国家重视历史人文资源的保护，在城市规划和设计领域中，对于传统风貌街道的理论、方法和管理制度比较完善，并且在实践中发挥了显著的作用。20 世纪 60 年代欧美国家针对城市中心的衰落进行了大规模的城市更新，主要对城市的传统街道进行了商业街的改造。从 70 年代起，更加注重传统的街道生活与街道美学的价值，倡导城市中心功能与空间的多样，强调传统的城市空间的有机秩序和街道步行体验，重视人的精神和心理感受；努力改变城市中心区消极、非人性空间环境，复兴中心区活力。许多理论家回归历史城市空间的理论探讨，从视觉途径和知觉途径、心理体验、城市意象等方面进行探讨，寻找失落的城市积极空间，对城市环境整治设计理论和实践产生了重要影响。从 70 年代起，英、美、日等发达国家制定了一系列有关历史保护区的政策性法规。其中，涉及城市街道方面的措施主要通过设置步行区对传统风貌街道进行规划保护发展，例如德国哥廷根市和慕尼黑市通过环境整治将旧街道改造成步行区，禁止汽车通行，作为公共交通工具的电车由地铁代替。美国 200 多个大城市都已经把中心区的主要街道改造成步行街，步行街普遍提高了中心区开放空间的环境质量，增强了人们的生活环境质量。伦敦牛津街，这条 2 千米长的英国首要购物街，是可以追溯到罗马时代的著名历史性古街。通过步行街道的改造充分地利用了城市的传统风貌街道。欧洲许多古城的新区开发建设，为了减少对旧城的破坏，普遍采取与旧城脱离的发展政策。在旧城建设上除了注重对旧建筑的单体保护外，更重要的是加强对传统风貌街道、广场等城市空间和城市结构和肌理的保护，划定历史保护区，对城市历史进行整体环境保护。

我国对传统风貌街道的重视起源于历史街区的保护利用工作，早在 20 世纪 80 年代初，西安对南大街进行了改造更新，在当时引起了国内外的广泛关注，成为国内旧城历史性街道规划改造的第一例。此后又相继对一些历史性的街道进行改造规划。但是由于认识上的误区，街道的保护规划的目的仅仅是适应现代交通需求，大拆大建仍然在进行，并没有对传统风貌街道作为一项城市的历史资源进行充分利用和保护。如南大街虽然开展的工作较早，但是事实证明，其规划改造工作并没有成功，交通问题没有根本上解决，而且造成南大街的历史传统风貌的消失殆尽。上海 2002 年 7 月颁布实施了《上海市历史文化风貌区和优秀历史建筑保护条例》，确定上海历史风貌主要由保护建筑、历史文化风貌区、风貌保护街道等三方面组成。并且该条例经市政府批准后，作为上海市城市规划特定地区的控制性详细规划，具备了规划法律的地位，因此在风貌区范围替代了原有其他同一层次的规划，成了风貌保护与建设的管理依据。并于 2004 年开展了风貌保护道路的研究和认定工作。

香港 2003 年由文化部门组织了香港的老街研究，研究了老街的历史价值。重庆也于 2006 年开展了历史风貌保护的相关工作。北京地方管理部门于 1990 年颁布了《东城区历史文化风貌街建筑、装饰工程规划管理的实施办法》，2000 年颁布《东城区关于传统文化街区建设工程管理暂行办法》等相关管理办法。此后也展开了一些传统风貌街道的相关规划保护工作，对重点传统风貌街道北京平安大街和广安大街在确保街道两侧的文物建筑和风貌建筑不被拆除的情况下进行了扩建。北京大学遗产保护中心阙维民教授主持申请的福建漳州传统风貌街道保护规划获得了 2004 年度亚太地区遗产保护奖。虽然国内关于传统风貌街道的保护规划工作广泛地开展，也取得了一定的成效，但是总体看来，在这方面的工作尚未形成系统，且缺乏广泛指导意义的理论与方法。

重庆对历史街区的保护规划工作开展得较早。1995 年重庆市城市总体规划中将渝中区"湖广会馆及东水门街区"、沙坪坝"磁器口街区"列为保护的历史传统街区，开始了历史文化保护区的保护工作。2002 年重庆市人民政府又将"湖广会馆及东水门街区"、沙坪坝"磁器口街区"重新公布为第一批市级历史文化传统街区。其后颁布了《重庆市历史文化名镇（历史文化传统街区）保护管理暂行规定》等，使历史文化街区保护工作逐步纳入法制化轨道。2005 年重庆都市区总体规划中，将红岩村、烈士墓、林园、黄山、南泉、上清寺、七星岗、解放东路、南山陪都遗址及南岸滨江等历史地段，湖广会馆及东水门街区、磁器口历史街区、金刚碑老街区等历史街区列为需重点保护的历史保护区。2006 年着手进行了重庆市范围历史街区的全面保护规划工作，在历史街区的规划中注重了传统风貌街道（巷）的保护和利用，初步的提出了对传统风貌街道（巷）进行保护。

7.1.3　新建成区街道空间

新建成区的街道空间主要分为居住区和工业区，按照不同的街道性质提出不同的规划设计原则。

7.1.3.1　居住区

英国在居住区规划设计过程中采用"包容性设计"理念，把人放在设计的核心位置，承认社区街道作为社交场合的重要性，环境的安全与人性是居住区规划设计时需要考虑的重要因素。从居民出行的安全角度考虑，居住区社区街道上的机动车时速都在 20 英里/小时以下，并且平面十字交叉口的转弯半径较小，以控制车速降低，保证行人的安全。居住区内步行的网络路线相互连接，居民生活区至邻近设施的距离一般为 10 分钟的步行路程（最多约 800 米）。除非受地形或者其他条件的限制，一般情况下，行人过街都采用平面过街方式。在一些特殊地形或有限制条件的地方，或是为了追求"意趣"，会设置一些短而不规则的街道。

英国居住区规划理论中坚持"道路分级"和"排除过境交通"的思想，提出"集散道路"和"居住环境区"的概念。"集散道路"是将道路分为通过性和到达性两种；"居住环境区"是指杜绝外来无关交通的区域，每个环境区是一个独立单元，内部的道路只为本区的车辆提供服务。英国居民的汽车拥有率和出行频次较为固定，因此通过控制环境区规模的方法，就可以将区内道路交通量限制在环境控制标准以下，同时达到控制交通速度，创造适合于步行者和骑自行车者的环境的目的。

"交通安宁"的规划理念最早源于荷兰沃内夫（Woonerf）（意为"生活化庭院"）的庭院道路设计，Woonerf 街道设计原则是在限制车速和流量前提下的人车共存。在行人、儿童游戏、小汽车交通混杂的交通条件下，通过别具匠心的设计，使汽车保持低速行驶，从而使行人安全与居住环境质量均得到保障。1972年这种庭院式道路被荷兰政府采纳，并推广开来。

根据设计者的研究，居住区内部的 Woonerf 人车共存道路应保证车速不超过20 千米/小时，高峰小时汽车流量不超过 250 辆。Woonerf 道路不仅解决了居住区道路的安全问题，同时通过合乎环境行为学的景观环境设计，使街道空间重新充满了人性的魅力。具体情况见图 7 – 1 和图 7 – 2 所示。

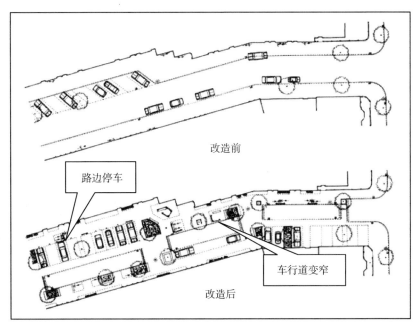

改造前

路边停车

车行道变窄

改造后

图 7 – 1　一条改建成 Woonerf 的街道

图 7 - 2　Woonerf 道路实景

为了营造良好的交通环境和居住环境，深圳华侨城采用了人车分流、丁字交叉和结合地形自由布置的道路网布局方式。一方面，可以结合原有的地形地貌，使自然环境和景观尽可能得以保存和利用，而富于变化的路网形态为创造丰富的道路景观提供了有利条件。由于人流和车流分离，互不干扰，弯曲有序的道路既满足了交通功能，也起到了限制过境车辆进入和城区内车辆速度的作用，从而减少了机动车对居住环境的不良影响。

另一方面，深圳华侨城居住区比较注重居民步行环境的建设，通过结合自然条件和公用配套设施的布置，设置了安全、合理、舒适的城区人行系统，并通过兴建雕塑走廊、喷泉广场、生态广场、步行街，使步行系统逐渐成为有特色、有文化内涵、有活力的城区公共活动空间。同时，华侨城内建成了 16 千米长的彩色路面铺装自行车专用道系统，用"绿色交通"自行车来进一步完善华侨城内部交通体系。

7.1.3.2　工业区

苏州工业园区内的交通是由两条绕过金鸡湖，并横贯东西，穿过整个园区的主干道，以及其他相距 1.5 ~ 3 千米的南北干道所提供，纵横向干道组成了一个棋盘式格局、层次分明、有效率的网状公路系统。苏州工业园在规划中的相关经验还有以下几点。

（1）交通组织原则。

①保证城市干道交通顺畅，各地块内部车辆的进出不受阻碍，并且有足够量的机动车位和非机动车位。

②合理设置机动车出入口与城市干道的关系，并设置相应的步行系统与车型系统。

③交通系统兼顾远期发展轨道交通的需求，做到可持续性发展。

④建设各类停车场、库，建立公交枢纽站点，以满足高强度开发所带来的大量人车进驻的需求。

（2）车辆出入口控制。

①主干道不设机动车出入口。这样设计可以保证主干道道路畅通，同时减少各地块出入的车辆对园区主干道的影响，并可以保证主干道两侧的建筑界面保持连续。

②各个地块内的机动车出入口均从东西向的园区次干道、以路命名的干道上进出，并在每两个地块中设置公用回车场，以保证车辆进出的方便。这些回车场在南北方向上是贯通的，还可以达到视线贯通的效果。

（3）停车场（库）设计。设计范围内不同用途建筑物的改建、扩建和新建时，均设置配建停车场（库）。

如图 7-3 所示，江苏大港工业园区采用直线道路组成的方格网式道路系统，使园区用地划分整齐，便于工业企业的布局，使园区的交通均衡、灵活，交通组织简单，从而提升整个交通系统的通行能力。

图 7-3　江苏工业园区现状

　　明珠工业园是一个以发展珠江三角洲核心区外迁产业为主的工业区，由于工业园的道路交通出行目的相对较为单一，明珠工业园的道路系统形成了以方格网布局为基础的三级骨架结构，工业园的道路网密度要高于一般城市的干道网密度。

　　（1）园区主干道主要功能是连接园区与对外交通干道、园区各组团之间，为园区生产性交通干道，其中南北向和东西向各两条。

　　（2）构成道路系统二级骨架组团主干道主要是连接组团内部交通。规划组团主干道是沿着各组团的外围，形成组团的环路结构。

　　（3）组团次干道是组团干道的下一层次道路，构成了道路系统的三级骨架结构，按照400米的宽度，布局组团次干道，形成400米长、400米宽的地块，总体呈网格状道路格局。

　　明珠工业园规划园区道路断面采用"高密度、窄断面"的布局处理方式——较高的道路网密度和相对窄的道路断面。明珠工业园主干道以道路红线25米、双向四车道为主。100米的南北大道以及42米的主干道都设置了较宽的绿化隔离带，100米道路红线道路两侧分别设置了20米的绿化带，42米主干道两侧也分别设置了11米的绿化隔离带。另外，主要的道路断面都设置为双向四车道，而人行道的设置相对较窄，这跟工业园内货物流比重较大的出行目的相一致。

7.2 山地城市步行交通设施要素研究

7.2.1　步行空间的分类

　　步行系统是步行交通的构成，或者说是步行交通中的"供应"，主要包括步行道、人行道、人行天桥、商业步行街、滨河步行道、林荫道，还包括居住区内的步行道，城市中的车站、码头集散广场、城市游憩聚会广场、建筑室内步行街等类型，具体分类标准大致如下。

7.2.1.1　按照步行道路与车行道路的关系划分

可划分为基本部分和专用部分。

基本部分指道路两侧的人行道。这是城市道路的基本组成部分，没有人行道就不成为城市道路，同样，没有人行道的步行系统也是不存在的。

专用部分指为适应步行交通中某些专门的需要而规划和建造的步行设施。具体可包含专业步行道、过街设施（天桥或地道）、商业步行街（区）、步行广场、空间走廊（通道或观景）、散步小道等。

7.2.1.2　按照步行功能类别划分

可以分为商业、休闲健身、交通三种类型。

商业型步行道——通常位于城市商业中心或组团商业中心等地带的步行街（商业步行街、地下步行商业街）。

休闲健身型步行道——位于公园绿地（公园步行系统）、居住地主要公共绿地、城市沿山、沿河的边缘地带（滨河步道）等地带的散步道。

交通型步行道——位于道路两侧的人行道、城市入口广场（车站、码头等交通广场）、交通枢纽（地道、人行横道）、上下交通连接（码头的梯道、上下高层梯道的连接）等地带的步行道。

7.2.1.3　按照步行的空间位置划分

可以分为地面层步行道、高架步行道、地下步行道三种类型。

地面层步行道——与城市地面处于同一标高层，对于居民的步行运动最有利，其建设费用最低。

高架步行道——采用建筑的方式建造的空中步行道，包括天桥系统、架空步行广场、连接建筑的空中走廊等，其建设费用较高。

地下步行道——步行道出于地面层底下，包括地下人行过街通道、地下商业街等，其建设费用最高。

7.2.2　步行空间的要求

功能：安全、便捷、舒适、吸引人、避免不利的天气影响。

尺度：不宜过大。

步行距离：实际距离 400～500 米。

步行路线：不绕行。

步行环境：变幻的空间，不枯燥。

铺装材料与路面条件：卵石、砂子、碎石以及凹凸不平的地面在大多数情况下是不合适的，避免潮湿、滑溜的地面。

高差要求：尽量平顺，不要出现高差。

坡道与台阶：如果步行通道必须上下起伏，宜选用坡道而不是台阶。

气候潮湿、炎热或雨多的城市：与建筑物结合共同布置人行通道，成为室内建筑的一部分，避免风吹雨淋。

相配套的设施：座椅（便于人们驻足停留）、绿化、小型广场、雕塑、喷泉等。

与周边整体环境的协调。

7.2.3　步行影响因素分析

结合对不同地区、不同目的人行调查，对于影响步行者的四大因素，得出以下结论。

（1）距离特征：步行者因心理和生理的限制，往往只能承受 120 分钟以内，单次 1500 ~ 5000 米的最大步行阈限值，而由步行转换其他交通设施出行的距离一般不超过 300 米，而超过 500 米的心理距离感则感到太远了。（日本矶村英一《城市问题百科全书》）

（2）线路特征：步行者特别是以交通为目的的出行者，一般都期望通过直接、快速的步行线路到达目的地。在以交通功能为主的步行通道中，应较多地考虑减少步行者绕行的距离，减少步行者在出行中对距离的厌烦心理。同时，步行的坡度必须适合行人行走。

（3）环境特征：步行者对于其步行的环境有着十分复杂而多样的需求。大部分步行者希望步行环境是多样的、具有变换性的，期望步行环境有不同的铺装材料与路面条件、两侧风格多样的建筑形式等。在铺装材料与路面条件方面，卵石、砂子、碎石以及凹凸不平的地面在大多数情况下是不合适的，避免潮湿、滑溜的地面，路面尽量平顺，不要出现高差，如果步行通道必须上下起伏，宜选用坡道而不是台阶，同时结合气候条件，步行系统应与建筑结合，为步行者提供遮阴挡雨等条件，为行人提供舒适的步行环境。

（4）设施特征：结合步行者行走特征，应在适当的地方布置座椅、绿化、小型广场、雕塑、喷泉等。

总的来说，以交通通行为目的的步行出行，出行时间不宜超过 30 分钟，出行距离宜在 3000 米以内，由于以通过为主，通道应便捷，保持平顺、减少绕行。

以休闲健身为目的的步行出行，出行时间不宜超过 2 小时，出行距离宜在 10 千米以内，步行环境能吸引人停留，景观怡人，座椅、绿化、小品等设施应更适合人驻足停留。

7.2.4　人性化设计理念

7.2.4.1　节点空间的设计理念

许多城市都建有西方风格的大广场，如北京的天安门广场、上海的人民广场等，因尺度巨大、形式冰冷以及传统习惯等因素导致此类公共空间缺乏人性化，并且因大多数城市中心区人口具有高密度的特征，因此在城市中心建造更多大型广场，不具有可行性。

20 世纪 80 年代以后，在一些豪华的商业建筑物的室内中庭或裙房的屋顶上也建造了所谓的"广场"，例如各个高档酒店的中庭广场和裙房的屋顶，因为与人行道上的行人相互分割，且建造和维护设施的费用较高，此类设施作为公共空间也未得到充分利用。

相比一两个大型广场或豪华的室内中庭，位于城市街区内的小庭院，在满足对公共节点空间的需要上会更实用，如巴塞罗那的众多街心公园、小游园等。这种小庭院大多是有铺砌的、精心设计的室外场所，周围是商业或公共建筑物，周围是商业或公共建筑物，但依然可以享受到光照和通风。通过一道墙或公众可以进出的建筑物，将庭院与人行道的交通相隔离开。同时，街上的行人也能透过店铺橱窗或开放结构如回廊，看到庭院里的景物，这些小院落要比大广场实用得多。著名的佩雷公园、重庆的北城天街就是实例，每个城市中心地区都应该有很多的小庭院，相互之间的距离应该正好适于步行。

与广场不同的是，城市庭院熟悉的规模和气氛对于中国人来说很具有吸引力，因为这些场所与传统中国住宅内部的院落非常相似，在这里，行人和购物者可以喝上一杯茶或歇歇脚，而居住在附近的年轻人和退休的老人们也能够找到志趣相投的玩伴，从而形成一个个社会小团体。

在中国的历史上，"庭院"的概念并不陌生，在传统的中国城镇中，寺庙、同乡会馆及其他非官方建筑物所属的院落通常会作为公共开放空间用来举行公众集会、节日演出和社团活动等。上海的城隍庙、重庆的湖广会馆等现在仍在使用。街道两边的传统形式的店铺，店面后面也有庭院，有时候用作小型公众集会的场所，"庭院"的概念已经引起亚太国家现代建筑师的注意，日本建筑师慎文彦早在1962年就开始在东京的代官山住宅区中实践着类似的想法，而香港市政局则是在更大规模上实施这类改造，将众多曾经是荒废的角落和遗弃的建筑基地改造为公共空间，而新加坡政府在公共住宅区修建的商业性质的庭院，要比附近具有空调设施的购物中心或过大的公园更具有人气。

7.2.4.2　绿化空间

高密度的环境对我们对城市公园本质的理解提出挑战，因为中国工业化以前的城市没有建造公园的传统，现存的公园大部分是西方殖民者在20世纪20年代或更早时期修建的，其中很多公园是以纽约的中央公园为模型，采用英国景观式园林的设计风格，公园里主要是大片的草坪，草坪之间开辟出多条弯曲的小路，还有蜿蜒的湖泊、起伏不平的小山坡和树丛。城市公园的实质就是模仿自然景观——把乡村带到城市中来，这种观念对新的公园设计方案依然发挥着指导作用。

但越来越多的迹象表明，这种形式与今天的城市公园的高使用率并不匹配，在我们的城市中，除了拥挤的街道之外，公园里仅有的可作多种用途，收费又不高的公共空间。早晨可以在这里锻炼身体，也可成为非政府性质的社团组织活动的场所，可用作举办展览和节庆的文化活动中心。1992年的一项调查显示，在上海的城市公园里，平均每天每公顷土地会接纳高达1.2万名游人，在这样高使用率的公园里，"安静"和"私密感"仅仅是相对的，草坪、树木很快被破坏了，这些现象表明，在高密度的环境下，公园的主要功能应该是作为一个"绿化的公共大厅"，而不是移植到人造城市中的"大自然的一部分"。

这种新的观点所提倡的是一种完全不同的设计策略，首先，公园里的大片土地应该是铺砌好的，但是要留出许多树穴和花坛，这样可以让更多的人把公园当作空间来使用，而不仅仅是无法触摸的风景；其次，应该把绿色植物种在空中（一层或几层）及垂直面上，例如树冠、屋顶花园等；再次，植物种植区和水面都应该用栏杆或其他保护性边缘界定，这些边缘同时也可用作坐凳；最后，要表达与自然的联系，可以使用几何形、建筑和人工材料来象征我们对森林和山脉的印象，而不应简单地模拟复制。

中国传统住宅的花园体现出了上述准则，反映了古代市民在一个高密度的环境中，下意识地尝试运用象征重新创造自然。同时，在香港的现代城市公园里，无论是规模庞大的香港公园，还是上环地区的袖珍公园，都为"绿化的公共大厅"提供了最新的范例,现代化的日本城市的景观特征之一就是"草坪稀少"证实了这种观念已经在相似的亚太城市得到广泛应用。

7.2.4.3　重叠而非单一功能的建筑物与开放空间

目前许多城市的规划还停留在"水平"规划的层面上,土地具有单一性质,这在土地充裕、极度铺开的城市可能是可行的,但是对于中国这些拥挤的城市来说,并不合适。

为了更有效地利用珍贵的土地资源,土地利用规划中采用垂直分区的模式已经在一些城市中得以应用,例如纽约。基于同样的准则,我们可以考虑将公共开放空间与建筑物相互重叠起来,当一处有顶空间的侧面是开放的,而且该空间的高度相对于其水平宽度来说又足够大的话,这样就使太阳光、雨和微风能进入这片空间,从而创造一个与室外开放空间相似的环境。因此,即使是在一大堆建筑物下面也能够拥有一个花园或广场。比如黑川纪章在福岗城市银行巨大的"门廊"里面设计了一个"中间地带",即有顶的广场,在城市中心区有了开放空间。

7.2.4.4　多层而非单层的商业街边缘

街道在城市的公共空间中占据着主导地位,但商业活动沿着马路无限延伸使街道失去场所感,如果避免这点就成为一个重要的问题。正如凯文·林奇(Kevin Lynch)指出的:"对于线形城市来说,缺乏强烈的中心是一个不利条件,有些功能需要聚集起来,才能繁华兴旺,而中心在心理上是很重要的。"在对上海商铺业主进行调查的结果显示,长度超过 600 米的商业街使人身体疲惫,根本吸引不了顾客。在传统的观念中,人们总是偏爱人行道边的带状空间,从而导致了商业活动沿街道的过度蔓延。

可以在临街建筑的二层或者半地下层设置更多的人行道。在规划设计时可以要求在指定地区的建筑业主必须负责延续建筑之间的这些新的人行道,这些新建的人行道,露天的或者是封闭的,都可以通过许多公共楼梯从地面方便地进入,站在地面的人们可以看到这些新建通道边的店面,或者至少能看到店铺的招牌。除了在一段街道内增加临街商铺外,高差变化在新的人行道一侧创造了受欢迎的界定领域的界面,吸引着人们在这里观看其他行人,也是私人谈话的好去处。以新加坡为例,无论在繁华的乌节路两边或是公共住宅的购物区里,都能看到位于夹层或者二层的商店,俯瞰下面的街道。

还有一个理念是后街小巷网络。走在香港地区或东京的商业街区里，人们往往会着迷于林荫大道雄伟立面后面的小巷子，后巷往往要短得多也窄得多，很多街道都是单行道、小型环状路、死胡同，甚至仅仅是人行通道，这些街道的宽度、铺砌以及街边种植都比主要街道亲切得多，后巷两边的建筑物或者是古老的多层建筑，或者是面对主街的高层建筑的后部。尽管后巷通常都没有形成连续的街道，但是它们在一起就形成了临近主干道的二级"血管"，吸收了主干道上过剩的人流和活动，后巷也为寻求更安静和租金更低的场所的商业机构提供了最佳选择，同时造成了街道的功能多样性。如江北洋河后的背街，非常有生活气息。

制定街道人性化规划指引，目的是在规划设计阶段保证步行系统的连续性、安全性和舒适性，在商业区，为行人提供安全、趣味与舒适兼备的行人流动路线；在居住区，设立效率、舒适、安全和方便的行人通道系统，贯穿整个邻里范围。

7.3 山地城市步行交通设施人性化规划指引

7.3.1　基于路网的人行道系统

7.3.1.1　人行道宽度

此处人行道指的是人行走的净宽，不含道路绿化带和设施带宽度。

都市区快速路、主干路、次干路、支路的人行道宽度控制为 3 米，商业、文化中心区、火车站、码头附近路段人行道宽度控制为 5 米，高架路（部分路段高架）可不设人行道，滨江路的人行道宽度控制为 1～3 米，盘山路、隧道的人行道宽度控制为 1～2 米。

7.3.1.2　商业区

主城区商业街区的建议往往偏重于道路交通的解决，轻视了步行交通的重要性。根据现状调查，几个商圈人流量大，平均小时过街人数远远大于 3000 人，这样的条件下，为了安全及对车行造成的拥堵，应修建人车分离的人行过街系统，而解放碑、观音桥、杨家坪环道都缺乏这些通道，行人出行极为不便。同时，已建设的人行通道使用效果不佳，未能形成系统，人行出行仍然不便。如观音桥环道市规划局门口处的人行通道连接步行街广场，不远 50 米处小苑的地下通道连接金源大酒店，两处通道没有连通，使用十分不便，同时环道南侧及东侧缺乏人行设施，天桥设置单调，行人仍愿意在天桥下横穿道路。并且，商业步行街的绿化、座椅、地面铺装等细节问题仍有待提高。

因此，针对商业地区，步行系统的规划应满足以下的基本原则。

（1）人车分离的原则：商业密集地区是人、车交通大量聚集的区域，通过平面复合的方式已经不能满足车辆连续通行和行人大量穿越的需求。因此，应在这些区域内实施人和车的立体分离。具体情况见图 7 - 4 和图 7 - 5。

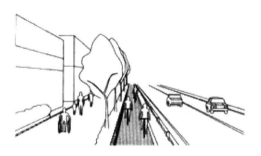

图 7 - 4　物理的分离通行空间

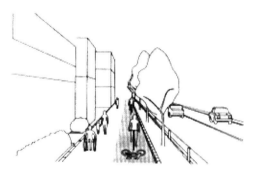

图 7 - 5　用着色路面等划分通行带

在较平坦的区域，可设置自行车道，原则上讲，汽车的通行空间和行人、自行车的通行空间应分离。最好应利用人行道和自行车道，也将行人和自行车的通行空间分离；当行人或自行车交通量小以及空间受限制时，也可将自行车、行人专用道路作为行人和自行车共有的通行空间，此时，最好应利用着色路面等批示通行划分。

（2）步行距离就近的原则：在商业步行街内的步行系统，可以适度通过道路线型的变化，给行人一个相对舒适的步行感受。但更应注意尽可能少的减少步行者的步行距离，使交通为目的的步行者能够快速、直接地穿越步行街，或到达周边目的地。

（3）连续不间断的原则：应为步行者创造一个相对走廊和相对高度连续的步行系统，使步行者可以行走在一个连续不间断的、不用反复上楼下坡的舒适的步行环境中。

（4）整合利用的原则：应充分利用周边商业建筑二层平台或地下空间，通过天桥或地道将可连通，实现多重的连续步行系统，将单调的步行与丰富的商业活动结合起来。

在商业地区的步行系统规划中，应考虑以下措施。

（1）在商业中心区，应建立人车分离的步行系统。行人过街通道与车行道必须采用立体复合的形式，天桥或地道的设置应充分与周边商业建筑相结合。

（2）在步行街内规划多条贯穿多个方向的通道，并且通道宜划为连续的，并在标高上相互衔接，尽可能避免行人的反复上下。通道内有高差的地方应考虑设置自动扶梯。

（3）商业区内同一方向上宜规划多条通道，给行人一个可选择的空间。中心商业区步行通道宽度不得小于 10 米，一般区域步行通道宽度不得小于 5 米。

（4）最好在商业建筑之间把二层空间贯通或把地下空间贯通，既可以加强商业建筑的联系，又可以在地面空间以外形成一条新的过街通廊。通廊宽度宜在 5～10 米。通廊上可适当设置植物小品或少量休憩场所。

（5）商业街区的公交停靠站距离街区的主要步行通廊距离不得超过 100 米。

（6）步行通廊的设置应与轨道车道相结合，以便于居民以最短时间进出轨道车道。

（7）商业区周边停车楼或地下停车库的设置须与人行设施相结合，停车楼或地下车库到达商业区的步行时间不应超过 5 分钟。

（8）出租车招呼站的位置在于主要交通流没有冲突的前提下，建议结合商业区内重要商业建筑（大型商场、餐饮、娱乐、酒店）设置，招呼站可以多点设置，站点至重要商业建筑的步行距离不宜超过 50 米，并适应考虑遮挡设置。

（9）主要通道和道路应充分考虑无障碍设施的规划设计。

7.3.1.3　居住区

居住区与商业区相比，以商业活动为目的的步行者相对较少，区域内步行的主要目的均为以日常出行为主，同时兼顾一些生活性的步行活动。居住区内步行系统的重点应是为步行者创造一个方便快捷的出行条件。结合居住区内居民出行需求，提出居住区步行系统的规划措施如下。

（1）居住小区内部应形成多方向通达的步行系统，居民穿越任意一个方向的步行距离不应超过 500 米。

（2）大型居住小区（单边长度超过 500 米）应在其区域内规划多方向贯通的步行通道，保证居民穿越的步行距离不得大于 500 米。

（3）公交停靠站的设置应与居住区的主要人流出入口密切结合，停靠站距离主要人行出入口的距离宜不大于 200 米。

（4）居住区内的通道设置应与规划轨道车站相结合，轨道车站的进出通道应与居住区内通道横向距离不得大于 100 米。并且轨道车站应充分与人行过街系统相结合。

（5）为了确保各种各样的行人更方便、更安全的行走空间，应将宽度、坡度、路面和平坦性等道路构造实施无障碍化，形成连续的道路网。

（6）居住小区的主要人行出入口不宜设置在交叉口处，建议出入口距交叉口距离宜在 100 米以上。

（7）居住区内的人行过街应与道路相结合，主要道路采用天桥或地道的形式，次要道路采用平面过街。

（8）居住区内各小区的步行出入口位置应相对集中设置，有利于步行和公交系统在最短距离内接驳，也有利于减小居民不必要的绕行。

7.3.1.4　人行天桥或地道

（1）人行天桥或人行地道应设置在交通繁忙过街行人稠密的快速路、主干路、次干路的路段或平面交叉处。同一条街道的人行天桥和人行地道应统一考虑，一次或分期修建。

（2）人行天桥和人行地道的设置条件如下。

在路段上具备以下情况之一者可修建人行天桥或人行地道。

①过街行人密集，影响车辆交通，造成交通严重阻塞处。

②车流量很大，车头间距不能满足过街行人安全穿行需要，或车辆严重危及过街行人安全的路段。

③人流集中，火车车次频繁，行人穿过铁路易发生事故处。

在交叉口处过街行人严重影响通行能力时，可根据实际交通情况修建人行天桥或人行地道。

合其他地下设施的修建，考虑修建人行地道。

（3）人行天桥设计应符合下列规定。

人行天桥宽度应根据设计年限人流量及人行天桥的通行能力计算确定。当计算值小于 3 米时采用 3 米。

桥上护栏高度应大于或等于 1.1 米。

桥面及梯道踏步应采用轻质、富于弹性、防滑、无噪声并对结构有减震作用的铺装材料。

（4）人行地道宽度应根据设计年限人流量，人行地道的通行能力计算确定。当计算值小于 3 米时采用 3 米。

（5）快速路、主干路和部分次干路的路段上，人行横道或过街通道的间距宜为 250～300 米。快速路应采用人行天桥或地道。主干路和次干路的设置形式视道路情况而定。

（6）人行天桥、地道、人行横道等与公交停靠站应紧密衔接。公交停车港应对向设置，横向错开距离不得大于 50 米，人行天桥到公交停车港距离不得大于 100 米。

7.3.1.5　平面过街设施

（1）平面过街设施应设置人行横道线。人行横道线宽度不得小于 4 米。人车混行地区，应设置减速栏和醒目的减速标志。

（2）信号灯交叉口应充分考虑人行过街的时间需求。人行应设置专用相位，主干路相位最短时间不得小于 30 秒，次干路不得小于 20 秒。

（3）路段人行信号交叉口最好与周边主要建筑、设施的人行主出入口相结合，与出入口距离最好不大于 100 米。信号控制可采用固定相位灯控或者行人主动控制的形式。

7.3.2　基于高差或大地块的独立于人行道的步道

由于大面积地块或区域内没有对外开放的步行通道穿越，行人不得不沿道路远距离绕行，对步行者的体力、心理承受能力、时间承受能力造成严重的挑战，相当部分步行者将不得不转移到车行交通中，给本已饱和的中心区道路交通带来更大的压力。因此对新规划项目，如单边长度大于 500 米地块的，建议在其垂直于该边的方向规划设置全天对公共开放的步行通道，垂直方向通道之间的平均间距不得大于 300 米。

独立于人行道的步行通道主要集中在渝中半岛地区以及滨江地区。

步行通道的间距宜在 250 ~ 300 米，地形条件好的地方，可以采用道路人行道的形式。

步行梯道的坡度宜采用 1∶2 ~ 1∶2.5，梯道高差大于或等于 3 米时应设休憩平台，平台长度大于或等于 1.5 米，设置少量座椅和休闲设施。

7.3.3　滨水区域

7.3.3.1　滨江步道的总体设计指引

滨江空间的设计应以休闲、舒适、安全、宜人的环境为主导原则。

滨江步道应与城市步道系统紧密结合，城市步道应向滨江岸边延伸发展，增强滨水空间的可达性，为人们休闲提供便捷的通道。

滨江空间应具有连续性，并应与沿江相应重要节点（港口、交通换乘点、居民出入点、沿江风景区景点等）相衔接，形成沿江的整体风景线。

滨江步道与滨江公园、桥头绿地空间应进行整体设计。

滨江空间的设计应充分考虑安全因素。设置相应的护栏等安全设施。

滨江步道是带状的开放空间，其设置应避免单一和单调，可采用多样性的设置给人闲静、富有趣味的心理感受。如石质步道、栈道、自行车道、观景平台、老人钓鱼平台等。

7.3.3.2　不同类型的滨江空间设计指引

直立式（高架和垂直挡墙）的滨江空间区域，建议其设置二层步道平台或向外延伸的滨江步道空间，并与周边居民出入点做好衔接，在亲水活动受到限制的条件下具有良好的观景视线和观景平台，以提高人们的生活品质。

倾斜式护岸的滨江空间，具有较高的亲水性，在设计上应更注重绿化、亲水休憩场地、各台阶的竖向立体景观联系等细节设计。

台阶式的护岸，是亲水性最高的护岸，但容易给人单调的人工性的感觉，在设计上可从局部绿化、休闲设施等细节设计上多考虑，以减少单调的视觉和心理感受。如朝天门港区。

自然岸线的滨江区域应随着周边用地的开发建设同步进行合理的开发和景观设计，使滨江空间成为连续的景观地带，使每个空间能得到合理的利用。

7.4 山地城市步行交通设施人性化规划案例
——重庆渝中半岛步行系统规划及示范段设计

7.4.1　规划目标

分为宏观、中观、微观三个层面。

（1）宏观层面。

"完善系统"，在渝中半岛形象设计山城步道的基础上补充、完善，建立完整的步行系统，从根本上引导人们建立绿色健康的出行方式。

"制定政策"，针对步行优先，指定切实可行的政策鼓励机制。

（2）中观层面。

"安排时序"，通过调查取样分析，选取合理的示范段，并帮助政府制定合理的建设时序。

"提升城市品质"，通过对步行道的设计，串联中区的魅力吸引点，无缝衔接各类公共交通，提升城市整体品质。

"分类进行导引"针对不同类型的步道的特点，分别进行设计引导。

（3）微观层面。

"改善空间品质"利用节点调查报告的分析结论，对路段节点进行改造，改善相关空间品质。

"形成建设规范"完善配套设施，提出建设标准，并形成可体现山城特色的步道建设规范要求。

最终形成"安全、公平、便捷、连续、舒适、优美"的山地慢行交通系统。

7.4.2　技术路线

通过收集、调查、梳理和分析渝中半岛慢行系统现状，研究论证山城步道、人行道、公共开敞空间等场所的特点，制定科学可行的渝中半岛慢行系统规划方案，并结合项目建设逐步实施，最终形成便捷可达、健康优美、山城特色的慢行空间环境。技术路线见图7-6。

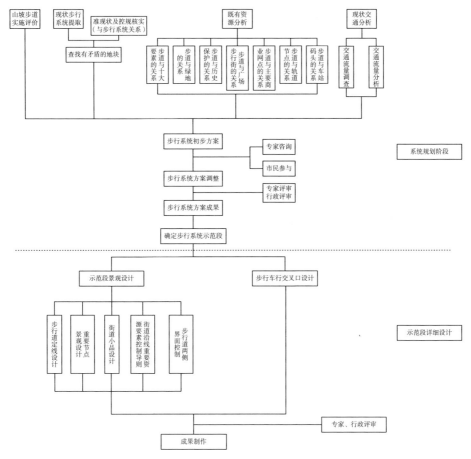

图 7-6　渝中半岛步行系统规划及示范段设计技术路线

7.4.3　现状情况分析

7.4.3.1　规模分析

规划范围是东至朝天门、西达鹅岭、佛图关、北滨嘉陵江、南临长江。面积约 9.5 平方千米。2008 年常住人口为 71.16 万人。2008 年渝中半岛的建筑总量约为 2150 万平方米，平均毛容积率 2.26。

7.4.3.2　地理特征分析

半岛前部为台地地形由南向北倾斜，中前部地形变化较大，由枇杷山在岛南形成制高点，岛中向岛北倾斜，中后部为枇杷山与鹅岭的鞍部，从岛中向南北两

侧平缓倾斜，后部为鹅岭形成的山峰，从岛中向南北两侧剧烈倾斜。具体情况见
图 7 - 7。

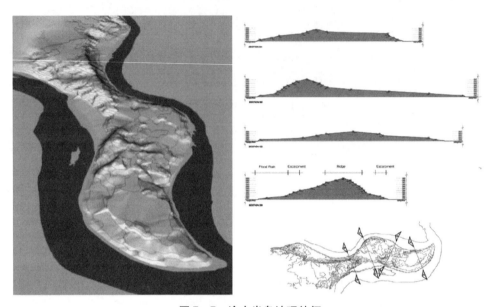

图 7 - 7   渝中半岛地理特征

7.4.3.3   城市肌理分析

渝中半岛地形复杂，城市肌理细腻且依山就势。历史城市肌理形成的空间围
合感强烈，但是历史城市肌理中缺乏必要的公共开场空间。现代形成的城市肌理
粗犷、工程感强、突破自然地形，形成超越自然的人造气势。现代城市肌理虽然
弥补了历史城市肌理公共开场空间的不足，但是形成的空间缺少围合感和亲
切感。

7.4.4   总体方案初步构思

总体规划对策为"找系统""定政策"：结合各吸引元及土地使用状况。完
善 9 条南北向山城步道，增加东西向步道，以形成半岛慢行网络化。较渝中半岛
增加了 6 条东西向步道，增加南北向步行道 5 条，线形优化若干。

7.4.5　示范段规划方案

7.4.5.1　示范段分段

整个示范段从珊瑚坝公园后门到大溪沟轻轨车站全长 3.9 千米，共从南向北分为 8 个改造段，8 个重要节点，除去燕子檐段、枇杷山正街段及燕子檐重要节点为已经在建项目，规划对其余 6 个改造路段制定了规划导则，7 个重要节点进行了景观设计。在设计中规划把握了便于近期实施和能够长远控制两个原则。

7.4.5.2　示范段重要节点

7 个重要节点见表 7－1。

表 7－1　　　　　　　　渝中半岛慢行系统示范段关键节点

编号	项目名称	用地面积（公顷）	拆迁量（平方米）	测算造价（万元）
1	大溪沟轨道站前广场重要节点改造	0.63	3053	2757.4
2	人和街路口重要节点改造	0.25	1895	1641
3	张家花园坎墙空间重要节点改造	0.15	76	135.8
4	张家花园平街重要节点改造	0.17	0	85
5	中山医院后街重要节点改造	0.13	20	81
6	中山医院入口前广场重要节点改造	0.04	0	20
7	市自然博物馆前广场改造重点项目	0.48	2898	2558.4
	总计	1.85	7942	7278.6

7.4.5.3　示范段关键要素

示范段已经本身有较好的空间特性，规划从七个关键要素对空间品质的改善提出了指导意见：很强的可识别性、独特的场所精神、无障碍设施、统一易懂的标志系统、传统街巷空间、照明和种植配置。

（1）很强的可识别性。要使示范段容易识别并为人选择且使用，关键是在沿路运用一些统一的元素：统一设置的地面铺砌与照明系统，以及形式一致的城市家具，如垃圾箱、指示牌等。

照明系统：沿路运用一些统一形式的照明元素，路灯、墙灯、地灯等最好用统一的款式，在广场等公共空间节点处可最多不多于两种款式。

城市家具：沿路运用一些形式统一的座椅、果皮箱等元素。

步道铺装：铺装运用统一元素，强化步行空间的特征，同时也通过样式的变化体现空间界线，达到空间分隔及功能变化的效果。宜采用本土材质，如青石板、青砖等，强调其具有持久、防滑等功能。

具体情况见图7-8所示。

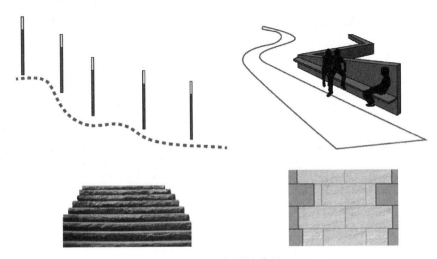

图7-8　可识别性范例

（2）独特的场所精神。示范段沿线不同的场所空间具有不同的特质量，不同的空间类型、不同的活动需求以及服务不同的人群：老人、小孩等，都会给路人不同的生活体验。

体育健身：提供篮球、舞蹈、器械健身等。

绿化休闲：通过绿化景观的配置提供人们休养身心的场所。

城市广场：提供公共城市室外活动的聚集性场所。

便捷通道：提供便捷、快速、安全的通行方式。

具体情况见图7-9所示。

（3）无障碍设施。关注老人、小孩、视觉障碍者以及使用轮椅的人是设计中的重点关注问题。在山地城市大量的斜坡及梯道对无障碍设施的设计是严峻的考验。建议在残疾人坡道无条件设置的情况下，设置自动扶梯及升降机等机械设施，要保证该设施是免费、长期且不需要其他人来操作就可以运行的。铺砌材料一定要选择防滑的。

图 7 - 9　独特的场所精神范例

设计要点如下。

障碍通道要适合婴儿车、轮椅通过，无障碍通道的地面铺砌要根据不同的需求采用不同的材质，无障碍通道应针对视觉障碍者提供盲道、并提供可供盲人识别的环境预示标志。

无障碍坡道的坡度要求。

美国残联要求：助力轮椅使用坡道最大坡度：1∶6；商业区的无障碍坡道最大坡度：1∶12。

英国：助力轮椅使用坡道最大坡度：1∶6；无助力轮椅使用坡道最大坡度：1∶12；持续性无障碍坡道最大坡度：1∶15。

丹麦：无障碍坡道最大坡度：1∶20。

重庆：无障碍坡度以：1∶20 为主，局部地段不超过 1∶8，且长度不超过 6 米，宽度不小于 0.9 米。盲道：建议宽 0.5 米，最小不小于 0.4 米。

具体情况见图 7 - 10 所示。

（4）统一易懂的标志系统。慢行系统要获得成功，必须形成一个综合的慢行网络，在这种情况下，建立慢行系统统一易懂的标志就尤其重要。它们不仅是为旅游者导航，同样也为重庆本地居民的使用提供服务。一系列统一易懂的标识地图与路标是必需的。同样增强入口的引导性也非常的重要。具体情况见图 7 - 11 所示。

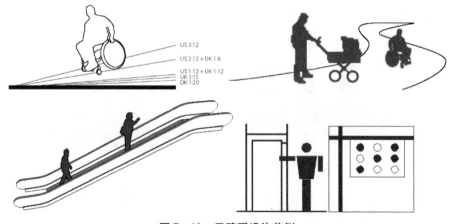

图 7 - 10   无障碍设施范例

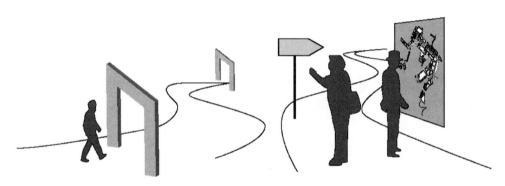

图 7 - 11   步道入口的引导性和标识地图与路标

材料采用本地石材，重点表达内容采用抛光不锈钢和金属装饰漆强调表达，高度和宽度分别为 850 毫米和 1200 毫米，字体和符号表达应简洁大方，在适当高度设置盲文便于视障人士辨认。

路标材料采用本地木材，字体采用雕刻后涂深色漆料强调表达，整体标牌高度不小于 1600 毫米，字体和符号表达应简洁大方。

具体情况见图 7 - 12 所示。

（5）传统街巷空间。示范段应增强山城步道特色，合理利用步道的空间收放变化，通过对 D/H 值的分析，对空间的心理感受，进行必要的评价，使其进行针对性的改造。具体情况见图 7 - 13 所示。

（6）照明设施。设施，缺乏安全感，照明设施是步行空间必要补充，体现设计主题，照明类型分为广场照明、步行道照明、绿化景观照明，突出景观性和实用性。

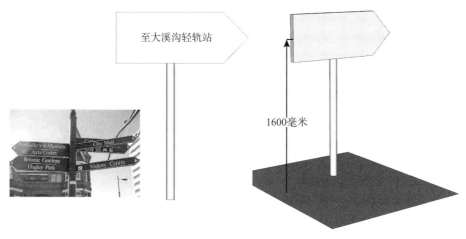

图 7 - 12　步道路标示意

图 7 - 13　不同高宽比下的街巷空间示意

注：D/H 值是高度（H）和宽度（D）之间的比值。
D/H < 1。随着比值的减小会产生接近之感。
D/H = 1。高度和宽度之间存在着一种匀称感。
D/H > 1。随着比值的增大会逐渐产生远离之感。超过 2 时则产生宽阔之感。

原则。

①根据场地需求采用路灯、墙灯、地灯等照明形式，其样式应统一。

②照明亮度应满足相关规范要求。

③应满足设施安全要求，人手可及处应采用低温低压的照明设施。

④全路段应以暖色黄光为主。

　　广场及活动场地照明：采用地面灯源、杆式灯等照明方式；广场通道、出入口人群案中活动区的照明水平及均匀度应略高于衔接的道路。灯色以明亮的暖色光为主，使夜间广场也具有识别性和主体性。

　　步行道照明：应考虑步行者的舒适、安全，灯具的造型、尺度要以人体为依据，并与其他街道家俱风格统一，色彩以深褐或黑色为宜，以便与树木的颜色融为一体。以柔和的暖色主光辅以线型冷光，营造舒适、趣味性步行空间。

　　绿化景观照明：步行街道的绿化照明可采用月光效果照明，营造树影斑驳的步行、休憩氛围，充分借用建筑照明光源，加以少量冷光，灯具安装应较隐蔽，宜结合绿化形态设置或采用掩埋式。

（7）种植配置。配置原则。

①以本地植物树种为主，如黄桷树、小叶榕等。

②利用不同植物种类的配置，形成"乔、灌、草"等植物的协调搭配。

③考虑季节等因素，合理配置有特色的植物种类，使春、夏、秋、冬各具特色。

具体情况见表 7-2。

表 7-2 植物配置

图例	种名				
	黄桷树		小叶榕		红继木
	银杏		香樟		金叶女贞
	广玉兰		桂花		小叶栀子
	垂柳		雪松		小叶女贞
	棕榈		泡桐		杜鹃
	米兰		紫藤		马蹄金
	紫叶李		蜡梅		时令花卉
	樱花		桃花		
	栾树		大叶黄杨		
	紫玉兰		龙柏		
	紫荆		月季		
	海桐		山茶		
	南天竹		铺地柏		
	红继木球		孝顺竹		

各类配套设施规划设计及控制要求情况见表7-3。

表7-3 各类配套设施规划设计及控制要求

分类	名称	设计指引	控制要求
便利服务	休憩点	结合休憩空间，大树配建花台、休息桌椅、风雨廊（亭）等	结合休憩空间设置
	商业服务亭	形式应统一，并与周围的建筑相协调，并采用与其他街道家具相同的建筑语汇	在主要商业街，不大于200米设置一处；其他步行道应不大于300米设置一处
	书报栏	结合生活性街道设置	在生活性街道不大于300米布置一处
	自动饮水设施	结合休憩空间及人流密集处设置	应满足成人与儿童饮水高度要求
	ATM机	结合公共建筑出口、电话亭及其他商业服务设施配建	在主要商业街，不大于500米设置一处；其他步行道应不大于1000米设置一处
	公共电话亭	电话亭设置应达到一定的密度；形式应与周围建筑相协调，步道系统内配建应统一，便于识别；注意保持开放性，防止恶意损害	在主要商业街，不大于100米设置一处；其他步行道应不大于200米设置一处
	邮递箱	形式应与周围建筑相协调，步道系统内配建应统一，便于识别	在主要商业街及旅游性步道，不大于1000米设置一处；其他步行道应不大于1500米设置一处
	社区健身设施	主要针对老年人及儿童，结合社区休憩点设置	建议每处不小于100平方米
无障碍设施	盲道	主要景观节点处、商业街、人行道及人行横道、应铺设盲道	盲道宽度不小于600毫米
	残疾人坡道	各个建筑的主要出入口，应设有方便残疾人行走坡道；城市道路的十字路口、人行横道的路牙处应设坡道	沿步行道设置
	音响信号	商业街、交通繁忙的十字路口，应设有方便盲人行走的交通音响信号	结合平交过街的交叉口设置
	轮椅升降设施	在用地条件无法满足修建无障碍坡道的情况下设置	—
	其他	主要停车场应设残疾人车位并有明显标志；铺砌应注重防滑，台阶两侧应设上下两层扶手栏杆自行操作的电梯内，应设方便残疾人使用的按钮和扶手栏杆	—

分类	名称	设计指引	控制要求
标识系统	城市地图	慢行系统的城市地图应结合步道与城市道路相交入口处设置，应有统一的设计及表达标准	—
交通安全	出租车站点	注意结合主要人流方向的组织及无障碍设施的配建，并且应有明显统一的标识	—
	索道站点	注意结合主要人流方向的组织及无障碍设施的配建，并且应有明显统一的标识	—
	轨道交通站点	注意结合主要人流方向的组织及无障碍设施的配建，并且应有明显统一的标识	—
	公交站点	注意结合主要人流方向的组织及无障碍设施的配建，并且应有明显统一的标识	—
	自动扶梯	结合人流密集、坡度大于10%的公共空间设置	—
	升降机	升降机不应该只限于大楼里面，现在很多观光电梯也在山崖或者高度相差太大的地方建设，还可应用观光的效果，增强城市观光。比如在桥的两端设观光电梯，使游客直接从江边到达桥边，达到方便交通和观光的功能	应免费、长期提供给市民使用
	过街隧道	设置扶梯或升降机等无障碍设施	结合主要道路交叉口设置
	过街天桥	设置扶梯或升降机等无障碍设施	结合主要道路交叉口设置
市政环卫	垃圾箱	形式、色彩、材料均应有统一标准	建议每隔50米设置
	公厕	形式、色彩、材料均应有统一标准	结合休憩空间设置公共厕所内应设残疾人专用的厕位
旅游服务	旅游信息服务站	靠近旅游码头、轻轨站等游客集中处设置	根据旅游需要，在半岛布置不少于9处（1处/平方千米）
	旅游交通售票处	结合旅游码头、轻轨站、商业中心区、宾馆等游客集中处设置	—
室外照明	广场照明	根据广场特性、形态，人流集散活动规模，路面铺装材料及绿化布置等情况可采用周边建筑投射灯、地面灯源、杆式灯等照明方式；广场通道、出入口人群案中活动区的照明水平及均匀度应略高于衔接的道路。灯色以明亮的暖色光为主，使夜间广场也具有识别性和主体性	—
	步行道照明	步行、商业街、休憩广场等步行空间，应考虑步行者的舒适、安全，灯具的造型、尺度要以人体为依据，并与其他街道家具风格统一，色彩以深褐或黑色为宜，以便与树木的颜色融为一体。以柔和的暖色主光辅以线型冷光，营造舒适、趣味性步行空间	—

续表

分类	名称	设计指引	控制要求
室外照明	建筑照明	独立于建筑之外的泛光照明设施其形式应与建筑风格协调，并与其他街道家具风格统一；独立于建筑之外的泛光照明设施宜采用深褐色或黑色与树木相协调。规划区域建筑宜采用轮廓照明、图案照明等方式。轮廓照明可以勾画建筑轮廓，强调丰富的建筑轮廓线；图案照明可以直接在建筑立面上装饰出图案，烘托夜间休闲氛围	—
	绿化景观照明	对于广场上的大型乔木以及姿态较好的庭院树可以采用全方位投光或特定方向照明，以强调树木的形态，起到指引的所用；步行街道的绿化照明可采用月光效果照明，营造树影斑驳的步行、休憩氛围；屋顶绿化宜采用庭院灯的照明手法，充分借用建筑照明光源，加以少量冷光，灯具安装应较隐蔽，宜结合绿化形态设置或采用掩埋式	—

第 8 章

山地城市自行车交通设施
人性化规划研究

8.1 自行车交通的基本特征

自行车交通方便、省时、无污染、节约能源、经济、实用，是适合我国国情的一种交通工具，在我国城市客运交通中发挥重要作用。作为交通工具，自行车有如下特点。

自行车是一种慢速交通工具，自行车的平均运送速度在 10 ~ 12 千米/小时。与大城市小汽车 20 ~ 30 千米/小时相比，只是小汽车速度 1/2 左右。自行车占道路面积小。自行车运行时所需要的道路面积一般为 9 平方米，小汽车运行时平均每人所需要的道路面积为 40 平方米，是自行车的 4.5 倍左右。自行车停驶时所需要的停车面积为 1.6 平方米，而小轿车所需要的停车面积为 22 平方米，为自行车的 14 倍左右。

同时，与小汽车交通相比，运输效率更高。据哥本哈根的规划师估算，一条机动车道宽度的道路，利用自行车与利用小汽车可运送的人数之比是 5：1。

自行车是一种节能行交通工具。从每千米每千克（运动物体重量）的移动能量，城市中 8 千米以下的交通出行，使用自行车所需要的能源只是机动车的 1/9。自行车也是一种有益于健康的交通形式。自行车的噪声小，无废气污染，是典型的零污染交通工具。而且，脚蹬自行车的过程中，人的身体还能得到锻炼。

在国外，自行车已经作为一种单独的运动休闲形式出现。在我国的一些大城市中，这种运动形式也日渐风靡。此外，自行车的价格便宜，一般家庭皆由能力购买；方便灵活，可提供"门到门"的服务，还可以在狭窄的胡同和巷道里行驶，以弥补机动车的不足；对交通设施的要求不高，能节省基础设施建设投资。

以我国城市自行车出行的时耗特征来看，大部分出行的时耗在 30 分钟以内，距离为 4～6 千米；而从出行目的来看，大部分为上班、上学及回程。自行车在城市中主要承担短距离的出行，尤其是儿童、青少年上学，除此之外，自行车在大城市中也逐渐成为居民出行搭乘公共交通的转接工具。

8.2　自行车交通发展趋势

8.2.1　国外发展状况

发达国家中，自行车出行的目的主要是休闲锻炼和旅游观光，作为交通工具的自行车出行总和比例在 10%～20%。自行车在城市交通中作用与地位的转变，随之而来的是相应的城市规划与城市设计的转变。例如城市自行车专用道的修建。德国的一些城市中设有自行车专用道，并在公交（尤其是轨道交通）车站和重要公共设施旁设有大型的自行车停车场。在日本，东京拥有可以停当上万辆自行车的专用停车场。

日本和一些欧洲城市自行车出行比例达到了 20%。许多国家尽管以小汽车交通为主，但自行车拥有量不小，如日本 2.6 人 1 辆，丹麦 2.2 人 1 辆，荷兰 1.6 人 1 辆。

各国政府积极推动各项绿色交通政策，以满足居民对传统街道空间的使用要求和偏好，创造安全而富有吸引力的居住区街道环境，鼓励和支持步行、自行车出行及其他环保交通方式用于日常出行，以减少机动交通对环境的消极影响。

8.2.2　国内发展趋势

随着国内城市交通体系和公共交通的发展，自行车作为单独的交通方式的特征会日渐削弱。作为交通方式，自行车更多地会作为公共交通的延伸与补充，以弥补公共交通灵活性的不足。同时，会向休闲锻炼方式和旅游观光的工具方向转变。

依托公共交通，形成对公共交通的良好接驳，将是自行车交通系统发展重要趋势和选择。

8.2.3　国内外案例分析

8.2.3.1　杭州

杭州地形平缓、气候宜人，根据调查，城市居民出行时耗大部分在半小时内，同时，又有美丽的西湖等风景区（可为景区旅游提供绿色、健康、休闲的交通服务），因此，为步行、自行车交通创造了良好的条件与基础。

根据调查，杭州市现状市区常住人口各交通方式比例中非机动车交通超过了30%（见图8－1）。

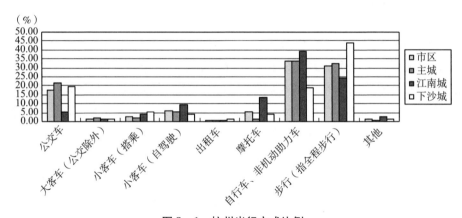

图8－1　杭州出行方式比例

近年来，杭州市结合道路、河道综合整治，支路建设、背街小巷改造，坚持同步规划、同步设计、同步建设、同步投入使用，已建成比较完善自行车通道系统，为城市自行车交通运行奠定了好的设施基础。

从2008年开始，杭州市推出了公共自行车交通系统。该系统自投入运营多年以来，已得到了广大市民和游客的认同，不仅成为杭州市城市步行、自行车交通系统的一个品牌产品，同时也丰富了旅游交通、城市公交系统内涵。该系统是在交通压力日益严峻背景下，缓解城市交通"两难"，进一步推进"公交优先"政策，解决公交出行"最后一千米"问题、提高公交可达性的一项重要便民利民实事工程。

8.2.3.2　深圳

《深圳市步行和自行车交通系统规划》中按照周边城市用地布局、所承担功能、自行车交通出行强度的不同，将自行车道划分为主廊道、连通道、休闲道三个等级。

主廊道主要承担骑行单元内或相邻骑行单元间居住区与商业办公区之间的、高频率的自行车交通短距离出行；是构成自行车交通网络的主骨架。

连通道主要承担骑行单元内居住区与学校、轨道站点/公交枢纽间的自行车短途出行及接驳交通，以及向主廊道集散的自行车交通；是构成自行车交通网络的次级自行车道。

休闲道主要满足休闲健身和兼顾串联各骑行单元的功能；是连接全市区域绿地、主要公园、风景旅游区、同时兼顾串联各骑行单元的弱交通性自行车道。

具体情况见图 8 – 2。

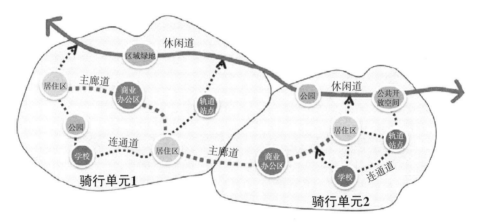

图 8 – 2　深圳自行车交通网络功能层次示意

8.2.3.3　香港

香港地处华南沿岸，在中国广东省珠江口以东，是中华人民共和国特别行政区。香港由香港岛、九龙半岛、新界内陆地区以及 262 个大小岛屿（离岛）组成。香港三大部分的面积分别是，香港岛约 81 平方千米；九龙半岛约 47 平方千米；新界及 262 个离岛约为 976 平方千米，总面积约 1104 平方千米。

香港自行车交通系统分为两个部分：通勤交通系统及健身运动系统。

对于通勤自行车交通，在各自行车道出入口都有路牌或地面标志指明该处为自行车道。在自行车道上行车同样必需遵守在普通道路上应予遵守的规则和指示。

对于健身自行车系统，在渔农自然护理署（简称"渔护署"）管辖的郊野公园亦设有郊野公园越野自行车道，但使用前必须向渔护署申请许可证及使用时遵守郊野公园内踏越野自行车守则及配备指定安全设备。

具体情况见图 8 - 3。

图 8 - 3　香港郊野公园自行车许可证及车辆

如图8-4所示，香港每日使用机动交通工具所做的行程约有1230万次，而其中自行车行程约有6.2万次，占每日总机动行程的0.5%，但在这个平均数字下香港不同地区的每日自行车行程次数却有重大的差别。各区域自行车使用状况不均衡，居民对于自行车的使用多限于区域内部，在地势平坦区域，利用自行车的居民较多。在利用自行车出行的居民中，70%以上的是以健身、娱乐为主要目的，而上下班、上下学、外出办事占总行程的14%。

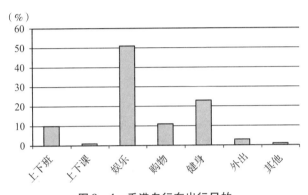

图8-4　香港自行车出行目的

香港自行车道主要分布于新界区。当中设有自行车道的区域有沙田区、大埔区、北区、元朗区、屯门区、西贡区及离岛区，当中沙田区自行车道网络最为完善。九龙滨海长廊结合景观打造，布置了自行车道。

香港政府有计划把新界东及新界西的数个自行车径网络连接，并改善自行车径设施。连接新界西北至东北的自行车道于2009年开始动工，完成后会成为一个大型的自行车道网络。

如表8-1所示，根据调查所得，新界及离岛占人均每日骑自行车比率的97%，而香港岛及九龙则只占3%。数据显示，于香港岛及九龙所进行的单车行程远远少于在新界及离岛，而在新界市区（即新市镇）骑自行车的普遍程度则与新界郊区相近。

表8-1　　　　　　　　　　　骑自行车模式占有率各区分布表

地区	每日骑自行车行程次数所占比例
香港岛	0%（0.01%）
九龙	0%（0.03）
新界市区	2%

续表

地区	每日骑自行车行程次数所占比例
新界郊区	2%
离岛	2%
全香港	0.5%

造成各区域自行车发展不均衡的首要原因与舒适和安全的自行车道有关，此外，较少机动车辆在新界郊区的乡村道路行驶，也使自行车出行比例较高。

截至2011年9月，全港共拥有206.8千米长的自行车专用道，其中205千米位于新界。自行车道的存在是一般出行者选择骑自行车的首要条件。大多数自行车专用道位于新界沙田、粉岭或上水等。具体情况见图8-5和图8-6。

图 8-5　香港滨海自行车道

图 8-6　香港路侧自行车道

香港现有的自行车专用道分布如图8-7所示。一般认为坡度小于5%的地区较适合骑自行车，据统计，全港只有30%的地方适合骑自行车，包括大量填海所得出来的土地，但这些地方均限制骑自行车。如果把这些受限制的地方剔除，余下适合骑自行车的地方减少至 27%。香港自行车道的设置主要考虑了自行车的交通功能和健身功能，故而自行车道布置位置常见于滨海滨河地区、公园及道路旁。当自行车道设置在道路路侧时，同时加装了护栏，以保证自行车道的安全性。

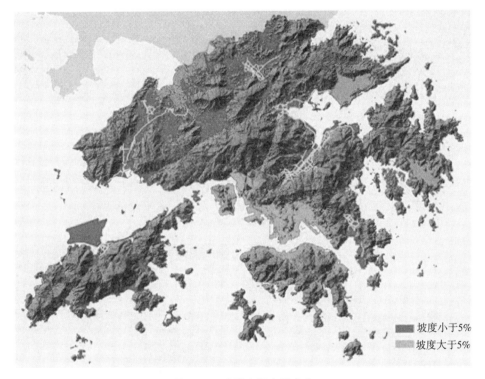

图 8 - 7　香港自行车道分布

香港在建设中规定沿行车路辟设的自行车道，其坡度一般与该行车路一致。隧道内及行人天桥上自行车道的一般最高坡度则分别不应超过 3% 及 5%。在特殊情况下，短距离坡度达 10% 也可接受。

在香港自行车道的建设中，单程自行车道的宽度最小为 2.0 米，理想宽度为 2.8 米；双程自行车道的宽度最小为 3.5 米，理想宽度为 4.0 米。

具体情况见图 8 - 8。

图 8-8　彩色自行车道

　　如图 8-9 所示，在自行车交叉口过街处理中，为了加强骑行的安全性，在路口设置了减速桩，同时画上了显眼的停车线，有助于使自行车骑行者在路口停车及下车推行。自行车道的细节处理体现出了对骑行者安全的考虑。

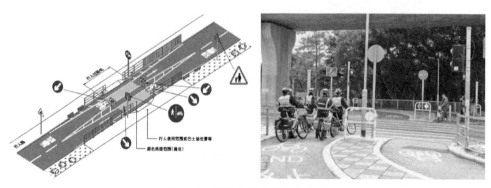

图 8-9　香港自行车道过街设置

　　香港自行车道同时设置有相应的停车设施，现有自行车停车位布置在主要住宅小区、活动中心、街市、公共运输交汇处、铁路车站和有关的政府、机构或小区设施处。

　　如图 8-10 所示，香港自行车道的标志系统同样设置较为完善，主要包括自行车道路指示牌和路面的指示标志。

图8-10 自行车道标志系统

8.2.3.4 瑞士

在瑞士，骑自行车旅行蔚然成风，既可锻炼身体，又可以拥抱美丽的大自然，尽情欣赏秀丽的风光，以及参观沿途的名胜古迹，这与在高速公路上驱车呼啸而过相比，完全是另外一番情趣。瑞士近年来修建了完善的自行车公路网。在只有700多万人口的瑞士，骑车旅行的人已超过了400万。

瑞士境内目前共有9条自行车公路，全长3300千米，沿路设有1.5万个专为自行车提供的红蓝色路标。各条自行车路线难易程度不同，有适合一家大小的家庭路线，沿湖、河岸的平坦路线；也有难度较大的山地自行车路线；甚至越野自行车路径。

自行车公路与公共交通设施相接，如果游客不想爬坡或累了，还可以带着自行车搭乘一段火车。

具体情况如图8-11所示。

8-11 瑞士公共交通系统内自行车停放设施

8.2.3.5 美国的自行车友好社区 （BFC）

BFC 是自行车友好社区的简称，也是美国骑自行车者联盟（League of American Bicyclists）所采取的一个对那些积极支持自行车发展的城市市政当局进行认证的奖励项目。BFC 为骑自行车提供安全和便利，鼓励居民将自行车用于交通、健身和娱乐，制定对自行车友好的政策，同时积极推广自行车的使用。

联盟根据社区在自行车发展方面所做出的成绩对其进行评审。BFC 认证分为四个级别，分别是白金奖、金奖、银奖和铜奖。

到目前为止，美国已经有 44 个城市和社区先后获得了 BFC 认证。其中获得金奖的有 4 个，分别是科罗拉多州的博尔德（Boulder）、俄勒冈州的科瓦利斯（Corvallis）和波特兰（Portland）以及加州的帕罗奥多（Palo Alto）；获得银奖的 11 个；获得铜奖 29 个。

以波特兰市为例。波特兰市是一个拥有 52.9 万人口的中等城市，该市现已创立起一套包括工程、教育、鼓励、制度强化等措施在内的自行车综合发展策略，有效地将自行车的使用纳入了城市日常生活的轨道。全市范围内构建了无缝连接的自行车道路网，有 1/4 以上的城市主干道开辟了自行车专用道，自行车系统与城市轻轨和公交体系完全接合；所有的公共建筑、交通枢纽和大部分办公场所均设有自行车专用车位；政府每年还向公众散发大量的安全手册和地图以教育机动车和自行车如何共处；社区自行车组织为人们提供多种多样的培训活动和其他自行车推广活动。波市在十年多的时间，骑自行车的人数翻了一番，但自行车与机动车的冲突并没有上升，因而获得了 2003 年的自行车友好社区金奖。其成功不是偶然的：政治上的正确引导、热诚的城市员工、详细周密的城市自行车规划、活跃的自行车倡导委员会和高效的组织活动等因素综合起来，使得该市成为全美对自行车最为友好的城市之一。

斯坦福大学在校人员约 3.5 万名。在该大学总长度为 74 千米的道路网上辟有 51.5 千米长的自行车道，沐浴间和衣物保管箱在校内广泛分布。校园里有大批骑自行车的人，为提高大家的安全意识，校方派发了 4500 个 LED 自行车尾灯，自行车安全委员会还专门安排了安全行车的周会，大学的日报上也登有关于安全行车的广告和系列连环画专栏。成立于 2002 年的斯坦福大学通勤俱乐部很快就吸收了 3400 多名会员，部分原因是骑自行车通勤的人可以获得价值 160 美元/年的洁净空气现金给付（Clear Air Cash）奖励。该校还是极少数配有专职自行车项目协调员的大学之一，协调员与周边的邻里社区紧密合作，以保证骑车人能够在畅通的交通网络中穿行。

8.2.3.6　哥本哈根的自行车交通政策

哥本哈根因为长期以来一直保持着利用自行车的传统而成为远近闻名的"自行车城市"。在哥本哈根，自行车规划是城市道路规划的不可分割的一部分，早在 20 世纪六七十年代就已经形成局部自行车道网。虽然很多市民都拥有了小汽车，但许多人依然继续使用自行车，自行车已经成为被社会广为接受的交通工具和城市交通的重要组成，在哥本哈根，自行车交通与机动车交通、步道交通同样被看作独立的交通系统。自行车道网遍布市中心地区自行车道路网总长超过 300 千米。

哥本哈根的绿色交通发展策略为"自行车作为短距离出行的主要方式并与公交系统接驳"。哥本哈根城市交通发展自车交通为主，但其实现途径是从城市规划角度将自行车融入城市发展，并制定了自行车与公共交通系统结合的策略（如鼓励短距离，抑制长出行；减少购物出行，鼓励少载重，保证安全；鼓励休闲出行采取自行车交通方式）；同时配以大力改善自行车驾行条件、停车设施；建设自行车出租系统，并加强宣传的措施，目前自行车出行比例达到 34% ~ 40%。

哥本哈根将自行车的发展写进了城市的发展纲要和城市的预算。哥本哈根市在 2000 ~ 2003 年年预算中写明制订全面改善自行车使用条件的行动计划。包括自行车道路网的扩展方案，提高通行能力、提高安全性和舒适性的方案，以及必要的设施维护。2000 年通过的《城市交通改善计划》包括《改善自行车使用条件子计划》，该子计划规定了 2012 年的目标。一是在全市通勤出行中，将自行车交通方式所占比例由 34% 提高到 40%。二是将骑车人重伤和死亡的危险降低 50%。三是将认为骑自行车很安全的人群比例从 57% 提高到 80%。四是将自行车旅行速度从 5 千米/小时提高到 10 千米/小时。五是将骑车人不满意、路面质量差的路段控制在自行车道总量的 5% 以内。同时通过的还有《2000 年自行车绿色路线方案》和 2001 年《自行车道优先计划》，它们是自行车交通政策和行动计划的重要组成。由于制定了定量化目标，使得对自行车交通政策进行评价成为可能。为实现以上目标，工作重点被锁定在以下 7 个方面。

一是增加自行车道和自行车线；二是设置绿色自行车路线；三是改善城市中心区自行车使用条件；四是连接自行车与公共交通；五是改善自行车停车设施；六是改进信号交叉口；七是自行车道的维护保养；八是自行车道的清洁；九是宣传和提供信息。

8.2.3.7　荷兰

自行车文化在荷兰流行与政府大力倡导以自行车为交通工具和制定的相关政策有直接关系。据报道,多年来,为保护骑车者的安全并激励、促使自行车成为重要交通工具,荷兰政府采取了许多有效政策。图8-12为荷兰自行车的道路指示标志。

图8-12　荷兰自行车停车楼及指路标志系统

第一,政府在修建道路、制定交规和道路管理方面对自行车的行驶做了特殊规定,荷兰法律规定,道路设施不能截断主要自行车道,城市建设不能给自行车交通造成不便;各城市都辟有专门与交通主干道隔离的自行车道,汽车被禁止驶入自行车道,就连机动脚踏两用车也不允许驶入;许多城市自行车较机动车拥有绝对的道路使用优先权。自行车专用道被漆成红色,地面上有大型白色自行车图案,车道旁还有白底红字方向标,非常有利于人们的视觉辨认。对于自行车专用道路的修建,交通部制定了统一标准。路面至少要宽1.75米,建议宽度为2.5米。双向自行车道的宽度至少为2.75米,建议宽度为3.5米。

第二,自行车道路网遍布全国。国家自行车总体规划明确提出,5千米以下的出行尽可能放弃机动车而改用自行车,从家到轨道交通车站,自行车是最合适的交通工具。荷兰已经形成了自行车道路网,总长3万多千米的自行车专用道路,占荷兰全国道路总长度的30.6%,居世界第一位。由于自行车路网覆盖全国,骑车人可在通往任何目的地的旅程中使用带有清晰标志的自行车道。在所有城市和乡村都可以找到自行车公共设施，专为自行车修建的桥梁、隧道和停车棚也为骑车人提供了便利。

第三，公共交通与自行车交通设施连接。荷兰的火车路网覆盖全国，许多荷兰人在一个城市上班而居住在另一个城市，早晚需长途旅行。荷兰政府大力鼓励火车和自行车交通衔接，铁路公司在全国 351 个车站都设有 100 多平方米的自行车存放处。上班族一出火车站就能骑上自行车上班或回家。地下或多层自行车停车场被广为利用。同时，许多火车站旁都有自行车出租处，每天租金一般不到 45 元人民币，凭有效火车票还能获得一定的优惠。办理手续时需交 250~900 元人民币，并出示身份证明。

第四，领导身体力行。为了推行自行车交通政策，政府鼓励公众骑自行车，荷兰政府部长、市长等政府官员以身作则，都骑自行车上下班。据报道，荷兰公务员外出办事，70% 的工作量是利用自行车和公共交通工具完成的。另外还有一系列鼓励政策，如公司员工购买新自行车，3 年可报销一次，金额为 749 欧元，骑车人平时在交纳税收时也有一定减免。

第五，服务周到。荷兰所有城市和乡村都有自行车维修店，在长途自行车道沿途也有修车处。为方便长途骑车者，有关部门在各地的餐馆、酒吧和自行车停车场等地放置了应急箱，装有简单的修车工具和医药，供人免费使用。

8.2.3.8 韩国首尔

韩国经济发达，一般的首尔家庭都有 1~2 辆私家车，加上市区内地势高低起伏不定，绝大多数人都会开车或借助公共交通出行。

韩国在 2009 年 4 月份由政府出资 1.2 万亿韩元（约合 9 亿美元）修建自行车专用车道，把韩国建成"自行车天堂"，让零污染的自行车重新成为主要交通工具。

首尔在南山 2 号隧道南端入口处，已经开始热火朝天地修建自行车电梯。从 2010 年起开始在市区铺设"自行车专用道"。同时，地铁站内设置自行车停车点，桥梁、隧道入口处也会设置供自行车使用的电梯。首尔在 2011 已完成环绕城市中心的 24 千米的自行车循环道，在 2014 年已修建 38 千米的郊区自行车循环道。连接两条长 26 千米的自行车循环道也于 2016 年竣工。2012 年，主要干线道路上修建了 207 千米长的自行车专用道。

8.2.3.9 挪威特隆赫姆

特隆赫姆是挪威著名的大学城，也是挪威第三大城市。城市靠海而建，地势上有 100～300 米的起伏，形状类似梯田。在这里，有超过 90% 的学生都将自行车作为代步工具，骑车人总数量超过 3 万（当地居民总数才 15 多万人）。这些"梯田"为他们的出行设置了些不大不小的麻烦，因为在任何时候，推着自行车上坡都不是件让人愉快的事情。

图 8-13 显示，为了让人们骑行上坡也能如履平地，当地投资约 320 万美元，修建了自行车"电梯"。其结构非常简单，就是在路边预埋一条升降通道，上坡时，只需将一只脚踩在通道提供的脚踏上，"电梯"就能以平均 2 米/秒的速度推着骑行者和自行车前进。

自 1993 年开通以来，这种自行车"电梯"已经安全工作了 16 年，极受欢迎。遗憾的是，这一简单而行之有效的创新并没有在全球流行开。直到 2008 年，第二条自行车"电梯"才在比利时的布鲁塞尔开始修建，并于 2009 年 5 月投入运行。

图 8-13　自行车电梯

8.3 山地城市发展自行车交通系统的必要性分析

8.3.1　优化交通发展模式，提高交通出行效率

吸引部分小汽车交通量向自行车转移，缓解交通拥堵。自行车出行的优势距离在 6 千米左右，可有效承担部分中短距离的交通出行。

图 8-14 和图 8-15 分别为山地城市交通现状及理想的发展模式。

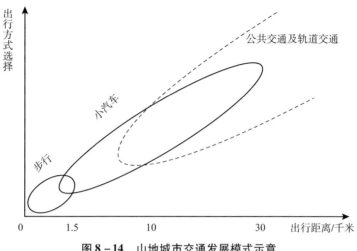

图 8 – 14　山地城市交通发展模式示意

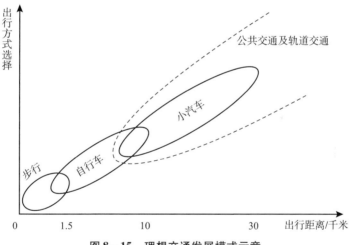

图 8 – 15　理想交通发展模式示意

　　由图 8 – 16 可知，如以重庆主城区为代表的山地城市，其机动车出行主要集中在中短距离。6 千米以内的出行占总出行的 44%，12 千米以内占 92%。

　　重庆主城区距离在 6 千米以内的小汽车日出行量约为 56.5 万人次，带来的小汽车交通量约为 38 万 pcu。

　　如能引导该类部分出行转移至自行车，将在一定程度上有效改善道路交通状况。（如引导该类的 50% 出行转移至自行车，机动车交通量将减少约 20%）。具体情况见表 8 – 2 和图 8 – 17。

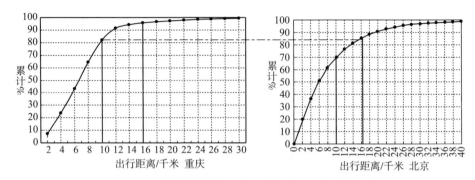

图 8 - 16   重庆主城区与北京机动车出行距离比较示意

表 8 - 2   中短距离机动车出行向自行车交通转移比例   单位：%

转移比例	减少的机动车交通量	自行车出行比例
22. 50	10. 00	1
45. 00	19. 90	2
67. 50	29. 90	3

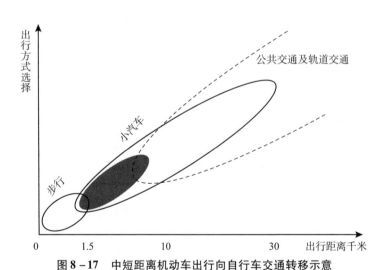

图 8 - 17   中短距离机动车出行向自行车交通转移示意

8.3.2   自行车接驳公共交通，提高公共交通出行比例

提高公共交通的竞争力（B + R bike + ride）。公共交通受固定站点的限制，不能实现门到门的服务，自行车在中短距离内的出行方便快捷，适合作为公共交

通的接驳工具。自行车换乘公交，相对于步行换乘公交与公交之间的换乘都有方便、省时的优点，有利于加强公共交通的吸引力和竞争能力。

缩短到达站点的时间，可有效缩短出行时间，提高居民公共交通出行选择比例。日常出行中，主城区步行至公交车站平均约需 10 分钟，使用自行车接驳可缩短为 5 分钟。

"步行 + 公交车"组合出行方式中，平均出行时间约为 45 分钟，如使用自行车接驳，出行时间可缩短为 35 分钟。

扩大轨道交通的服务半径。步行速度约 5 千米/小时，可接受出行时间一般在 15 分钟左右，接驳出行距离为 1.2 千米；自行车速度约 10 千米/小时，可接受出行时间一般在 20 分钟左右，接驳出行距离为 3.5 千米；自行车接驳轨道交通，可将轨道交通的服务半径扩大约 3 倍。

8.3.3　绿色交通模式，有助于缓解城市污染

表 8 - 3 为各种交通方式的碳排放。

表 8 - 3　　　　　　　　　　各种交通方式碳排放

交通方式	小汽车	公交车	自行车
人均碳排放	0.15 千克/千米	0.08 千克/千米	—

可吸引中短距离的小汽车交通向自行车转移。如引导 50% 的中短距离小汽车出行转移至自行车，机动车交通量将减少约 20%，重庆主城区年均减少碳排放 4.6 万吨。

接驳公共交通，提高公共交通出行比例。公共交通出行比例提高，相对于小汽车，可有效减少交通碳排放。

8.4 山地城市自行车交通系统现状

由于山地城市的地形特征，自行车出行受到限制，在以往的道路设计中，未考虑自行车道。但是，随着城市的发展，在地势相对平坦地区自行车出行需求逐

渐凸显，如北部新区。

在地形条件较好区域，考虑进行自行车系统的规划设计，在满足一部分自行车出行需求之外，主要倡导发挥其休闲健身的功能。

重庆大学城位于西部槽谷的西永组团，地形条件相对较好。在重庆大学城，进行了自行车系统的规划建设，并已实施完成。

自行车道系统布局在景观大道、主干路、次干路和支路上，根据道路功能、等级的不同，确定道路的自行车道形式。

（1）景观大道和主干路：有专用自行车道。

（2）次干路及支路：自行车道与人行道为同一断面，用不同材质或颜色铺装。

具体情况见图 8 – 18 和图 8 – 19。

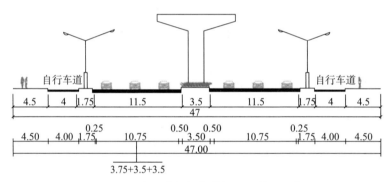

图 8 – 18　主干道自行车道断面（单位：米）

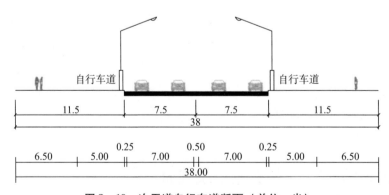

图 8 – 19　次干道自行车道断面（单位：米）

8.5 山地城市自行车交通设施人性化规划策略

8.5.1　自行车交通发展定位

8.5.1.1　自行车交通系统发展的基本影响因素

（1）居民生活传统及出行习惯。包括出行习惯在内的居民生活传统是一个城市的基本品质，尊重这种品质是城市发展的基本原则。对于山地城市而言，缺少自行车出行传统，随着现在道路条件的改善，以及人们对于交通出行的新观念和新追求（包括低碳、环保、健身等），自行车出行需求在局部区域逐步凸显。

因此，对于一个没有自行车出行传统的城市，发展自行车交通系统的基本前提是：在尊重原有生活习惯的基础上，应适当引导、理性发展。

（2）地形及道路条件。道路坡度是影响自行车使用的最主要客观条件之一，坡度相对较小的道路网络是发展区域自行车交通系统的基本条件。山地城市的用地高差较大，导致道路纵坡相对较大，成为自行车出行的主要限制因素。

同时，由于主干路交叉多采用立交形式，立体交叉不适合自行车通行，也将成为自行车出行的障碍。

因此，在特定区域内，道路纵坡较大的道路，以及道路立交一般将会成为自行车出行的边界，继而形成一个个相对封闭的自行车出行网络。

（3）气候条件。对于部分山地城市如重庆地区盛夏高温明显，各地年最高气温，基本出现在 7、8 月间，也有少数年份出现在 9 月。重庆各地的极端最高气温绝大部分都在 40℃ 以上，海拔 800 米内地区极端最高气温都可达 35℃ 以上，大部分地区 ≥35℃ 日数，年平均在 20 天以上，长江河谷地带海拔 300 米以内地区，最高气温 ≥35℃ 日数多年平均达 30~40 天。

重庆极端最低气温常出现在 1 月。各地极端最低气温大都在 -4.0℃ 以上，沿江河谷地带在 -2.5℃ 以上，东北部在 -4.0℃ ~ -9.0℃ 之间，城口低达 -13.2℃；东南部极端最低气温在 -6.0℃ ~ -8.5℃ 之间。

地处中纬度，南北季风常交汇于此，带来丰富的降水，在全国降水分布图上，重庆市处在降水偏丰区的边缘部分。全市各地全年日降水量 ≥0.1 毫米的天数大都在 150~165 天。

从气候条件看，不具备将自行车发展成为居民主要出行方式的客观条件，局部区域、有条件的发展自行车交通系统才是符合山地城市的实际情况的基本策略。

8.5.1.2　自行车交通系统的发展定位

山地城市难以发展成网成片以通勤为目的的自行车交通，只能以特定区域发展作为自行车交通发展的主要模式。城市格局易受大山大水的分隔，具有典型的地形高差大等特点，以及出行距离较远，现有道路条件有限，因此，限制了自行车交通在山地区内的发展不可能成网成片发展，同时也不能作为直接的通勤工具使用，只能在部分地形条件较好的区域内部作为区域内通勤工具及与公交、轨道接驳的交通工具使用。

在山地城市的局部区域具备发展自行车交通的道路条件，特别是新拓展区域，地势相对平坦，具有发展自行车交通的道路条件。如重庆的北部新区，在其规划建设的约490千米次支道路中，约360千米次支道路具备建设自行车道的条件（纵坡小于5%），占总次支道路网的74%，其中240千米次支道路坡度小于3%。

自行车交通是否能得到健康的发展除了地形条件、气候环境等客观因素影响以外，政府的支持起到了至关重要的作用。通过对其他城市的调研可发现，即使地形高差较大，骑行困难，但只要有良好的自行车道路条件及基础设施，自行车交通的出行就会有一定的比例，自行车交通的发展就能得到良好的延续。

完善的自行车交通基础设施既能保障骑行者安全性，同时能提升骑行者的舒适性，增加自行车交通的吸引力。无论是设置在人行道上的自行车道，还是设置在机动车道上的自行车道，都需要完善的物理隔离设施，一方面保障自行车道的专属性；另一方面保障骑行者的安全性、连续性。另外，只要设置有自行车专用道的区域，都应在区域内部设置自行车停车场、停车位等设施，以方便自行车停放。

综上所述，针对山地城市，自行车交通系统的发展定位可概括为："客观条件有限，发展意义深远；服务特定区域，满足中短距离出行；接驳公共交通，完善出行网络"。

其发展模式具体如下。

（1）接驳公共交通，发展完善自行车交通系统。与公共交通站点，特别是轨道站点衔接，发展具有山地城市特色的公共自行车系统，解决出行终端问题，提升居民出行服务质量。

（2）在局部有条件的区域，特别是地势平坦、道路纵坡相对较小的区域，发展完善区域性的自行车出行网络，服务居民的中短距离日常出行。

（3）依托城市特色景观，发展特色自行车系统。在滨江、沿山等特色景观带，发展具有一定规模的特色自行车系统，满足居民的休闲、娱乐、健身需求。如现在自行车租赁系统。

8.5.2　山地城市自行车道功能层次划分

按照用地布局、所承担功能、自行车交通出行强度的不同将自行车道划分为自行车廊道、自行车集散道、自行车连通道和自行车休闲道四个等级。

（1）自行车廊道。主要承担区域内不同类型功能分区之间、与轨道站点之间以及区域对外联系的高频率、中短距离及接驳交通出行；是构成自行车交通网络的主骨架，相当于自行车主干路。

（2）自行车集散道。主要承担区域内相同类型功能分区或不同类型功能分区之间、与常规公交站/轨道站点之间的较高频率、短距离出行及接驳交通，以及向廊道集散的自行车交通；是构成自行车交通网络的次级自行车道，相当于自行车次干路。

（3）自行车连通道。主要承担功能分区内部自行车交通；是区域内廊道、集散道所在道路以外的道路，相当于自行车次支路。

（4）自行车休闲道。主要满足观光、旅游、健身功能；是公园、沿河绿带内的非机动车道，同时部分廊道和集散道也可以兼顾休闲功能。

不同类型功能分区间自行车交通联系如图 8-20 所示。

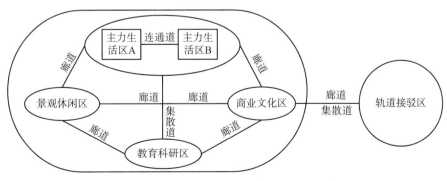

图 8-20　功能分区间自行车交通联系示意

8.5.3 山地城市自行车道设置形式

根据自行车道在道路上的设置位置不同，可以分为机非共板（即自行车道与机动车道同一断面）和人非共板（即自行车道与人行道同一断面），两者都可以分为物理隔离和标线隔离。

结合自行车道功能设置要求、道路设置条件，可以通过压缩现状（规划）人行道、压缩现状（规划）机动车道 2 种方式设置自行车专用道。

（1）新建道路或现状道路改建自行车道的条件较富裕时，廊道、集散道和连通道应该设置为机非共板物理隔离（绿化/护栏）的自行车专用道。具体见图 8－21 所示。

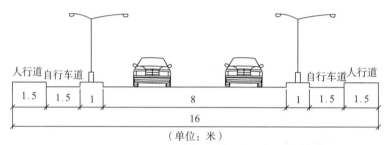

图 8－21　机非共板模式

（2）现状道路改建自行车道的条件有限时，廊道、集散道和连通道可采用人非共板物理隔离（绿化/护栏）或机非无分隔（彩色铺装/划线）的设置形式。具体见图 8－22 所示。

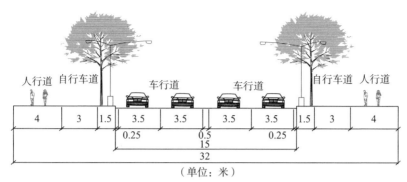

（单位：米）

图 8-22 人非共板模式

8.5.4 山地城市自行车过街设置

综合考虑机动车、自行车、行人通过路口时的通行权、先行权和占用权要求，平交路口放行方法可以分为以下三种。

（1）时间分离法，是指在信号周期内拿出一个专有相位放行行人和自行车。在此相位中，机动车信号灯为全红灯，自行车和行人信号灯为全绿灯，行人和自行车可以从不同方向上迅速通过路口。其他相位中，只准机动车进入路口，行人和自行车则严禁进入路口。该方法适用于行人流量大、机动车流量适中、自行车流量小，且占地规模较小的交叉口。具体见图 8-23 和图 8-24。

（2）空间分离法，是指让自行车按照机动车相位走，不单独设置自行车信号灯，只设机动车信号灯和行人信号灯。该方法适用于路口面积大、机动车和自行车流量大的交叉口。具体情况见图 8-25 和图 8-26。

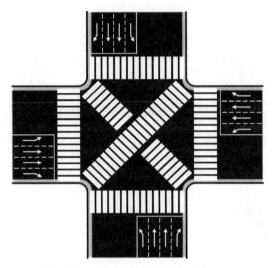

图 8 – 23 时间分离法交叉口渠化示意

图 8 – 24 时间分离法信号相位示意

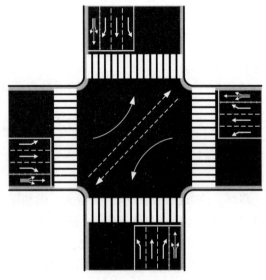

图 8 – 25 空间分离法交叉口渠化示意图

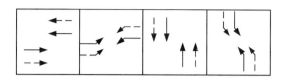

图 8 - 26　空间分离法信号相位示意

考虑到自行车启动较快、骑车人急于通过的特点，可以将路口机动车与自行车停车先分开划定并使其前后错位，即自行车停车线设置在机动车停车线前面，当绿灯亮起时自行车交通可以先于机动车交通进入交叉口，该方法可以使自行车主流交通与机动车主流交通进入交叉口时存在一定的时差，在一定程度上可以提高交叉口通行能力。这一改进方法对于提高交叉口的通行能力与交通安全都是有利的，主要适用于左转弯自行车流量很大的情况。具体情况见图 8 - 27。

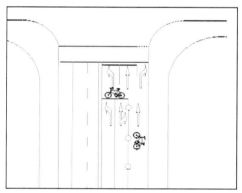

图 8 - 27　空间分离法改进方法：自行车停车线提前设置形式

（3）时空分离法，是指为了减少左转弯自行车对自行机动车流通过路口的影响，在路口中间划定一块面积为自行车禁驶区，左转自行车二次过街，即让自行车与行人以相同的方式过街，在横向道路自行车进口道的前面，设置左转自行车等待区。绿灯亮时左转自行车随直行自行车运行至前方左转等待区，待另一方向绿灯亮时再前进，即变左转为两次直行。通过拉长左转自行车的通过距离，避免左转弯自行车对直行机动车的冲突。该方法路口面积大，自行车流量较大且左转自行车流量较小的交叉口。具体情况见图 8 - 28 和图 8 - 29。

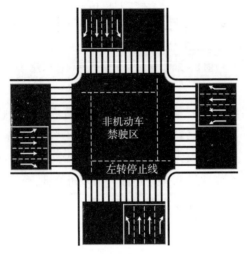

图 8 - 28　时空分离法交叉口渠化示意

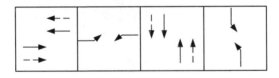

图 8 - 29　时空分离法信号相位示意

8.5.5　山地城市自行车停车设施

按照所在地区未来自行车的发展情况，在学校、居住区、公共设施、轨道站点、公交换乘枢纽、商业街等地方，按要求配建自行车停车泊位，为自行车提供足够的停车空间。

为了保证停放自行车的安全和规范停车设施，需要设置一些辅助停车设施。常见的停车设施包括自行车停车架、简易铁管、停车棚、自行车停车柱和自行车停车场等。以上设施及停车方式视设置环境而定。具体情况见图 8 - 30。

同时为了保障自行车安全，在规模较大的自行车停车场应安排工作人员值守或地下停放等方式保障停放安全。规模较小的停车场可采用电子锁停车架或安装监控摄像头。具体情况见图 8 - 31 和图 8 - 32。

图 8－30　自行车停车设施示意

图 8－31　设有电子锁的自行车停车场

图 8 - 32　专人值守的自行车停车场

8.5.6　山地城市自行车道铺装

自行车道铺面宜坚实平顺，表面平整防滑。在选择铺面材料时应考虑后续维护的难易程度以及环境保护问题。同时在进行铺面设计时，需要优先考虑铺面透水性以保证路面行车环境安全。

自行车道铺面与人行道应采用不同种类的材料和颜色以示区分。目前，自行车道铺面设计常用的材料有以下六种，包括：沥青铺面，可分为彩色沥青铺面和黑色沥青铺面，且不同沥青材料的透水性有差异；水泥混凝土铺面；砖材铺面；人造铺面；青石铺面；木材铺面。具体情况见图 8 - 33。

图 8 - 33　自行车道的彩色铺装

8.5.7　山地城市自行车道标志标线

为了有利于自行车驾驶者能够清晰明了地辨识、使用自行车道，同时对自行车驾驶者有明显的视觉诱导效果，避免行人进入自行车道。应结合现有道路的指路系统采用我国《道路交通标志标线（GB5786—2009）》中规定的自行车道标志形式，对自行车道进行标志标线设置。具体情况见图 8 – 34 和图 8 – 35。

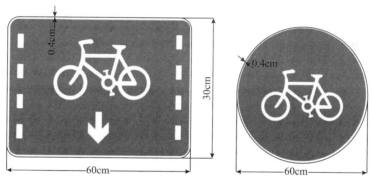

图 8 – 34　自行车指示牌

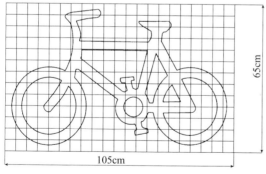

图 8 – 35　自行车地标

8.6 山地城市自行车交通人性化规划的政策措施

8.6.1 基本政策措施

8.6.1.1 编制专项规划

编制自行车交通系统规划、公共自行车系统规划等专项规划，为自行车交通系统的发展提供规划保障。

8.6.1.2 分类规划建设

（1）对于未建道路，进行规划控制。将专项规划成果纳入到相关控制性详细规划中，进入法定规划体系，成为后期建设的规划依据。

（2）对于已建道路，适时进行改造。结合道路整治、道路绿化，以及人行道改造等相关工程，对已建道路，进行改造，布置自行车专用道。

8.6.1.3 编制建设序列

依据专项规划，以及区域内其他相关建设规划，统筹编制建设序列，安排建设专项资金，保证自行车交通系统的科学、有序建设实施。

8.6.2 自行车与公共交通换乘系统的政策措施

8.6.2.1 与公共汽车的换乘设施

（1）结合自行车网络的规划建设，在有需求、有条件的公交站点，布置自行车停车位等相关换乘设施，构建"B＋R"交通模式。

（2）因地制宜布置公共自行车租赁服务点。

8.6.2.2 与轨道交通的换乘设施

（1）对于周边布有自行车道的轨道交通站点，原则上均可布置自行车停车场以便于自行车换乘，场地规模依自行车出行需求而定。

（2）依据公共自行车系统规划，布置公共自行车租赁服务点。

8.6.2.3　换乘系统

（1）将公共交通一卡通引入公共自行车收费系统，以及自行车停车收费系统。

（2）公共交通站点周边自行车停车场，实施停车优惠。

（3）公共交通站点周边公共自行车租赁服务点，实施租赁优惠。

8.6.3　公共自行车系统的政策措施

8.6.3.1　同步建设

（1）与自行车网络同步建设。

（2）重点覆盖商业中心区、办公密集区、居住生活区、重要公共交通节点。

（3）租车站有明确标志、标线，使用者可以方便、快捷地找到。

（4）租车站的车位数应适当大于存车数，为未来扩容预留空间。

8.6.3.2　运营管理

（1）坚持政府监管，正规化运营。

（2）短时间免费，鼓励短时间租用，"随用随还"。

（3）系统化管理，实现无人值守、异地借还。

（4）与公共交通系统融合，可考虑公交卡与自行车租赁卡合用。

（5）自行车与地铁换乘存在双向需求，自行车的存取可自动达到平衡，而在一些单向客流的租车站，需要通过实时监租车站剩余车辆数，并及时调配补充。

（6）可通过广告置换方式降低运营成本。

8.6.4　自行车配套设施的政策措施

8.6.4.1　停车位规划建设

（1）自行车停车位纳入城市建筑物配建停车指标体系，各类建筑按标准配建自行车停车位。

（2）对于商业中心区或重要公共较节点，鼓励建设自行车停车楼或地下停车设施以减少占地面积。

（3）在人行道较宽路段，可依据需求布置简易自行车停车位。

8.6.4.2 自行车维修点

（1）统一规划自行车维修点及规模。

（2）统一标识系统及指引系统。

（3）市场化运营。

8.6.5 自行车交通管理的政策措施

8.6.5.1 引导宣传

（1）引导鼓励居民使用自行车中短距离出行。

（2）采用自行车专用道行驶，遵守过街信号，避让行人。

（3）通过收费优惠等措施，引导使用公共自行车进行与公共交通接驳。

（4）改变民众对自行车的态度从"落后标志"转向"环保健康标志"，提升认同感。

8.6.5.2 交通管理

（1）自行车交通管理纳入到现行交通执法管理程序。

（2）通过交通执法，严禁机动车占用自行车道、摩托车驶入自行车道，保障自行车的合理路权。

（3）自行车交通系统相关配套设施纳入市政部门管理体系，对其进行维护和管理。

8.7 山地城市自行车交通系统人性化规划案例
——以重庆主城区北部新区为例

8.7.1 重庆主城区北部新区交通概况

8.7.1.1 北部新区概况

北部新区于 2000 年 12 月 18 日设立，2001 年 4 月 25 日，北部新区授牌。北部新区位于重庆主城区，北靠国际空港，南临重庆中央商务区，西依嘉陵江，东接长江黄金水道，紧临重庆保税港区，具有中国西部唯一的集水运、航空、公路、铁路于一体的立体交通运输网络优势。

北部新区管辖礼嘉镇和人和、鸳鸯、大竹林、天宫殿、翠云5个街道，面积130平方千米，规划人口120万人。

8.7.1.2　道路交通

区域内主要的干道包括：

（1）南北向：金海大道、金通大道、金山大道、金开大道。

（2）东西向：金兴大道、金渝大道、金州大道。其他道路均为支次道路。

在用地布局上，中部南北向形成一个狭长绿带，在路带两侧主要分布有工业用地，外围主要布有居住用地，以及商业办公用地。

8.7.1.3　交通调查

据2010年11月交通调查，金兴大道早高峰流量1181pcu/h（当量标准小客车/小时），晚高峰流量1192pcu/h；金渝大道早高峰266pcu/h，晚高峰259pcu/h；金州大道早高峰891pcu/h，晚高峰934pcu/h；金开大道早高峰1822pcu/h，晚高峰1936pcu/h；泰山大道早高峰3114pcu/h，晚高峰3684pcu/h；民安大道早高峰2205pcu/h，晚高峰2480pcu/h。

从调查数据可得出：一是整体上看，北部新区道路交通流量不大，道路运行情况相对良好；二是北部新区内环快速路沿线道路交通量相对较大，用地发展相对成熟；三是其余区域道路交通量较小，用地开发刚刚起步。

8.7.2　自行车交通网络

8.7.2.1　交通需求

主要的交通需求点包括：商业办公、文化体育、广场、学校教育、医疗卫生，以及公园绿地，形成自行车交通的主要吸引元。

吸引元分别特征包括：

（1）南部密集。在南部的人和、天宫殿街道，城市发展相对成熟，商业、学校相对密集，并布有照母山植物园、古木峰公园、动步公园、百林公园、龙头寺公园等娱乐健身设施，将形成一个相对密集的自行车出行需求片区。

（2）滨江发展。以大竹林、李嘉片区为代表，滨江地带逐步发展，体现滨江特色。

8.7.2.2　规划主要方法

在自行车网络规划中，采取供需平衡的原理，分析需求，寻找供给，以形成一个供给需求相对应的自行车网络。

需求：对于用地，分析在哪些区域需要布置自行车道。

供给：对于路网，分析在哪些道路上可以布置自行车道。

8.7.2.3　道路条件

如表8-4所示，以次干路、支路为基本网络，对道路坡度进行适应性分级：

一级路段：纵坡小于3%；自行车自由通行，根据需求覆盖自行车网络。

二级路段：纵坡3%~5%；自行车可以通行，根据需求选择性布置自行车道。

三级路段：纵坡大于5%；自行车有条件通行，慎重布置自行车道。

表8-4　　　　　　　　　　北部新区道路条件分析表

坡度	i≤3%	3%<i<5%	i≥5%	合计
长度（千米）	240.8	117.9	131.8	490.5
比例（%）	49.1	24.0	26.9	100

8.7.2.4　网络规划

优先考虑一级路段，形成最基本的供给网络；适当补充二级路段，形成结构相对完整的供给网络；慎重选择三级路段，最终形成系统相对完善的供给网络。

结合交通吸引元分析，最终形成自行车网络，其基本特征如下。

（1）规模：约150千米。

（2）区域：四个区域（天宫殿—龙头寺区域、人和—照母山区域、大竹林区域、礼嘉区域）。

（3）基本特征：各自成网、部分相连、滨江特色。

在建设模式上主要包括：

（1）已建道路——道路断面改造（绿化带、人行道、机动车道）。

（2）未建道路——规划自行车专用道。

形成"两个网络、一个特色"的自行车线网：

（1）网络 1：形成以重要轨道站点为中心、服务半径 1.5 千米的自行车接驳网络；

（2）网络 2：形成相对独立、局部连通的四个自行车片区；

（3）一个特色：金海大道形成滨水景观休闲自行车通廊。

具体情况见图 8 - 36。

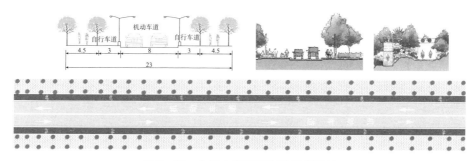

图 8 - 36　金海大道自行车道规划设计

8.7.3　自行车停车

8.7.3.1　建筑物配建停车

建筑物一般成为交通出行的端点，为满足自行车停车需求，需在建筑项目用地范围内配建适当规模的自行车停车位。

在自行车道到达及覆盖区域，建筑物需配建适当规模的自行车车停车场。配建标准为 1.0 ~ 3.0 个停车位/100 平方米建筑面积。

8.7.3.2　公共停车

在规划建设初期，可结合其他市政设施用地，布置自行车公共停车位。包括公共交通车站、机动车停车场、人行道等。

对于在机动车停车场上布置自行车停车位，一般选择布置在地面，且有一定停车富余空间的停车场，开辟一定规模停车位作为自行车停车。

对于在人行道上布置自行车停车位，应保证行人的步行空间，人行道宽度不应小于 5 米，为减少自行车位对行人的影响，可将自行车位沿人行方向布置。

公共停车位置布局主要有两种模式。

模式一：主要结合轨道车站、公交车站等交通设施，并在一些重要的交通吸引点（如大型商场、广场）开辟专门空间进行布置。

该类停车场设施相对比较完善，包括存取系统、收费系统等。

模式二：利用路侧带或街头绿地布置自行车停车位，布置的停车位数量较少，适合临时和少量停车。

该类停车位的设置以便捷和安全为基本要求，设置一些简易的停车架，方便居民临时停车需求。

本次规划中采用的主要模式为：主要在路侧带布置少量停车位，设置路段主要为商业用地临近路段；并结合轨道交通的建设，分别在轨道站点，以及金海大道滨江区域设置自行车公共停车场。

8.7.4 自行车过街

交叉口处自行车及步行交通处理是涉及到交通安全、交叉口通行能力的复杂问题。目前，在世界各地主要有三种处理方式。

方式一：设置自行车信号，并设立单独过街相位。

该处理方式比较适合自行车通行量较大的区域，交通安全性较好，但存在降低交叉口通行能力的弊端，影响机动车通行比较明显。

方式二：设置自行车信号，与行人共用过街相位和通道。

该处理方式设置自行车信号，提高了安全性，同时考虑到对交叉口通行能力的影响，采用与行人共用相位通行的方法。该方法比较适应自行车交通量相对较大的区域，兼顾了行人、自行车、机动车的通行效率，并为未来设立自行车单独相位预留了空间。

方式三：与行人共用信号及相位。

该处理方式与方式二类似，单由于不设置自行车信号，存在自行车过街安全性较低的弊端。

本次规划设计建议采用方式二：设置自行车信号，与行人共用过街相位和通道。

重庆市主城区自行车过街模式见图 8 - 37 和图 8 - 38。

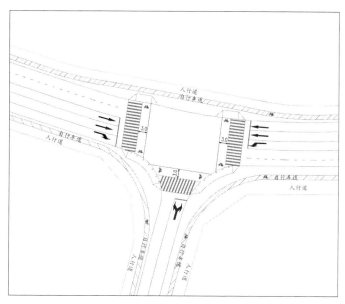

图 8 – 37　重庆市主城区自行车过街模式（一）

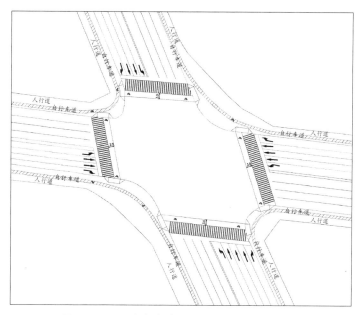

图 8 – 38　重庆市主城区自行车过街模式（二）

8.7.5 自行车道铺装

自行车道的路面现在主要有沥青路面、彩色沥青路面等。为提高自行车系统的标识性，本次规划建议采用彩色沥青路面铺装自行行车道。

彩色沥青路面并不只是将普通沥青染上颜色，严格来说，彩色沥青只是仿真沥青，是用化学手段制造出的路用结合料。自行车道铺设彩色沥青已经在多个国家得到推广应用。

彩色沥青路面除了优良的物理性能外，彩色沥青路面具有很好的标识性。提高了司机和行人的注意力，不仅使得道路更加美观协调，改变以往单调的黑色路面，还令车辆和行人的安全性得到很大提高。具体情况见图 8 – 39。

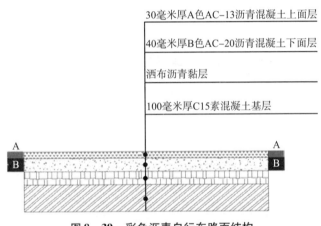

30毫米厚A色AC-13沥青混凝土上面层

40毫米厚B色AC-20沥青混凝土下面层

洒布沥青黏层

100毫米厚C15素混凝土基层

图 8 – 39　彩色沥青自行车路面结构

（1）热拌彩色沥青混凝土是指采用浅色沥青胶结料、颜料以及集料经过加热拌和而得到的非黑色沥青混凝土，本工程采用暗红色沥青砼。

（2）彩色沥青砼结构一般由彩色沥青混凝土上面层、普通沥青混凝土下面层、基层及垫层组成，普通沥青混凝土下面层、基层和垫层应符合现行国家或行业有关标准、规范的规定。

（3）彩色沥青混凝土上面层厚 3.0 厘米。

（4）颜料

颜料宜选用符合相关技术指标要求的氧化铁红系列无机颜料。

8.7.6　照明系统

道路照明应该达到辨认可靠和视觉舒适的基本要求，满足平均亮度、亮度均匀度和眩光限制三项指标。此外，道路照明还应有良好的诱导性。

照明系统的设计结合其实际情况，针对路宽、长度、夜间车流量以及四周的环境等确定总体的照明标准，选用合适的照度。在实际的道路照明设计中，道路的各个具体路段部分均有差异。由此，还应该根据各路段的具体情况，进行分段处理，在不同的路段设置不同的照度标准并进行设计，以从总体上符合照明和节能的要求。

道路照明的灯具应配光合理，效率高，机械强度高，耐高温、耐腐蚀性好、重量轻、美观、安装维修方便，并具有防水、防尘性能。对此次的自行车道路可以采用具有较高机械强度的装饰性灯具或兼具功能性和装饰性的灯具。

本次规划设计中，对于自行车交通系统，主要采用现有道路的照明系统，达到基本的功能性照明要求，对于部分路段，应根据实际绿化情况，修剪树冠，避免树木对人行道、自行车道照明的遮挡，保证自行车道的功能性照明需求。

在局部路段，包括商业中心周边示范线路，可选择性安装景观性照明设施，增添夜间步行和骑行的乐趣。

本次设计须在未设置道路灯杆的路段设置灯杆，间隔距离为 30 米，因此，须埋设相应的电力线。

8.7.7　公共自行车系统

8.7.7.1　功能定位

对于北部新区的公共自行车系统，其功能定位如下。

（1）完善自行车交通系统的重要基础设施。作为自行车交通系统的重要组成部分，公共自行车系统为自行车出行提供了便捷的自行车租赁服务，在出行工具环节优化了居民的自行车出行条件。

（2）引导居民自行车出行的重要推力。一方面，居民的自行车拥有率很低，通过租赁的方式为居民提供便捷经济的自行车服务，引导更多的居民使用自行车出行；另一方面，通过政府主导的方式为居民提供租赁服务，可有效传达"鼓励合理使用自行车出行"的信息和理念。

8.7.7.2 规划原则

（1）以网为要。在自行车路网覆盖的区域范围内布置公共自行车租赁点是布点的最基本原则。

对于使用者而言，租赁点提供车辆，自行车路网提高出行路径，二者缺一不可。对于公共自行车租赁系统本身而言，自行车路网为其存在及运营提供了基本条件，无自行车路网，公共自行车租赁点即无存在的必要和发展的空间。

（2）重点依托。公共自行车租赁点的布置应充分考虑交通的产生和吸引，依托重点区域或节点布置。

①重要公共交通节点主要包括轨道站、公交站、换乘枢纽、长途汽车站、火车站等。主要原则包括：

第一，对于轨道换乘站、公交枢纽站，实现租赁站点的全面覆盖，租赁点应布置于换乘及枢纽站内部。

第二，对于一般的轨道站及公交站，根据人流量大小选择性布置租赁站点，一般情况下，对于高峰小时人流量大于200人的站点可布置租赁点，且租赁点距公共交通站点的建筑出口不超过100米。

第三，对于长途汽车站、火车站，实现租赁站点的全面覆盖，租赁点距站场建筑出口不超过200米。

②大型居住小区。租赁点应尽量布置于居住小区内部，对于特殊情况，租赁点应布置于小区人行出入口附近，一般不宜超过100米。

③办公密集区。租赁点应布置于办公区的重要人行出入口附近，距出入口一般不宜超过100米。

④风景名胜等特色区域。结合景点、公园的特色区域布置公共自行车租赁点，布点规模依据客流需求而定，布点位置一般选择在人行出入口及重要景点附近。

（3）站点密集。公共自行车租赁点服务居民的直接平台，只有形成相对密集的租赁网络，才能发挥规模效应，满足租赁便捷的基本要求，以吸引更多的居民使用公共自行车租赁系统。

以杭州和常州公共自行车布点为例。

杭州公共自行车租赁系统租赁点2204个，租赁点间距300～500米，在核心区范围内更是达到200米。

而遭遇停租的常州公共自行车租赁服务，其租赁点个数原计划400个，但是停租时还没有达到1/10，市民租车、还车均不方便。

可以说杭州、巴黎公共自行车的租赁点规模是其成功的重要因素，密集的租赁点真正做到得了"随借随还"，极大地方便了市民的租借和还放。

以重庆主城区的具体实际，分析如下。

①为方便居民适应，站点间距应在居民步行可接受范围内。主城区步行平均出行时间为 18.9 分钟，平均距离约为 500 米，步行至外出（如上班上学）最经常去的公交车站平均为 8 ~ 10 分钟，步行距离约为 200 ~ 300 米。因此，可以认为：一方面，站点间距不应大于平均步行距离；另一方面，步行至最近租赁点的最大距离（为站点间距的 1/2）不宜大于 300 米；因此，在一般区域布点间距 300 ~ 500 米是合适的。

②在以轨道站点为核心的自行车网络中，在轨道周边 500 米范围内的住宅小区、办公区均需布置租赁点。

（4）协调用地。公共自行车租赁点对于用地的要求如下。

①属于公共配套设施，需与其他用地融合。

公共自行车租赁点应布置于其他用地之中，包括：住宅、办公、站场等，与其所服务用地的距离是公共自行车租赁点布置成功与否的关键。

②尽量不占用人行道范围。

主要原因：一是从交通出行上看，人行道一般不为出行端点，布置于人行道上的租赁点会增加居民借还车辆的绕行距离，带来租赁系统使用便捷性的降低。二是从人车关系上看，挤占了行人步行空间，并可能存在交通安全隐患。按照相关经验，人行道上布置的租赁点数量占总数量的比例不应超过 30%。

（5）保障空间。一方面，主城区在大力发展公共自行车项目时尽量避免租车点租不到车或还不进车的情况；另一方面，需为未来租赁点规模扩建留有空间。在租赁点建一定数量的备用停车位，一般备用停车位数量为自行车数量的 10% 左右。

8.7.7.3 规划方案

一级站点：
依托轨道站点及自行车规划网络，布置共八处站点，包括：
依托一级站点形成六个服务片区，服务半径 1.5 ~ 2 千米。
二级站点：
围绕一级站点布局二级站点：62 处，主要的考虑因素包括自行车网络、以轨道车站—居住区为主线。

第9章

山地城市交通无障碍设施人性化规划研究

9.1 山地城市交通无障碍设施存在的问题

无障碍设施是指保障残疾人、老年人、孕妇、儿童等社会成员通行安全和使用便利，在建设工程中配套建设的服务设施。包括无障碍通道（路）、电（楼）梯、平台、房间、洗手间（厕所）、席位、盲文标识和音响提示以及通信，信息交流等其他相关生活的设施。

山地城市中的大多数主要城市道路都铺设了盲道，部分路口进行了坡化处理，也有一部分的新建、改建公共建筑物进行了程度不同的无障碍设计和建设。但在建设和使用过程中仍然存在不少问题。

9.1.1 盲道设施不成系统

有的盲道砖在施工时就不够平整，或者不少盲砖已经被损坏，很不便于盲人行走。更有的盲道时断时续，经常失踪，存在导向陷阱。这个问题同样存在于我国其他一些城市的盲道建设中。应指出的是，主城区有某些道路由于有关部门的疏忽或是施工不按规划行事，从而导致了盲道不成系统。如图 9 - 1 至图 9 - 3 所示。

图 9 - 1　盲道破损严重

图 9 - 2　盲道尽头没有进行坡面设计，无盲道结束提示

图 9 - 3　施工设施占用盲道

9.1.2　设施不符合规范

　　盲道建设尚存在着许多不符合规范的现象。盲道无故拐弯，且与路边树木共线的现象十分普遍。部分商业区路面的盲道触感条和提示盲道触感圆点为了与周边环境协调，而采用了视觉效果好的其他材料（如不锈钢等），阳光充足或灯光照射时会使人眼感光强烈受到刺激，对弱视患者伤害很大，下雨时不防滑，容易使人摔伤。如图9-4至图9-6所示。

图9-4　盲道无故转弯

图9-5　盲道与路边树木共线的现象十分普遍

图 9 - 6　不锈钢材料的盲道

9.1.3　缺乏与盲道配套的设施

部分城市尽管设置了大量的通行盲道，但提示盲道、过街音响提示装置、车站盲文牌和语音提示等配套设施严重不足，势必减少盲道的使用性。行人过街设施没有考虑到盲人的使用，盲道没有与行人过街设施进行整合。实际调查中，不少盲人抱怨无法安全过街、便捷地使用交通工具，一般须有人陪伴才能出门。

9.1.4　未设置人行天桥的坡道

按规范要求，处于市中心、商业区、居住区及公共建筑设置的人行天桥与人行地道，应设坡道和提示盲道，但部分设施未设置。

9.1.5　民众意识淡薄、管理监督不够

无障碍设施被挤占、被损坏的情况比较普遍。许多盲道上车辆乱停、杂物堆积、摆摊设点、被垃圾桶等阻断，甚至是被随意破坏，造成无障碍设施无法正常使用，形同虚设。

9.1.6 无障碍设施建设缺乏规划指导

无障碍设施建设作为一项系统工程，它涉及到城市道路、公园广场、商业建筑、宾馆、银行以及文化、体育、娱乐场所，可以说涉及到了城市的各个角落。尽管主城区进行了一些无障碍设施建设，但没有编制无障碍设施建设发展规划。对现有的城市无障碍设施建设缺乏规划指导，对具体建设项目缺乏统筹安排，使得无障碍设施建设缺乏整体性和系统性，呈现出零敲碎打、不成体系，甚至一些已建成的无障碍设施也难以发挥出应有的作用。

9.2 国内外城市经验

9.2.1 美国

美国是世界上第一个制定"无障碍标准"的国家，其无障碍环境建设既有多层次的立法保障，又已进入了科研与教育的领域；各种无障碍设施既有全方位的布局，又与建筑艺术协调统一，同时给残疾人、老年人带来了方便与安全，堪称世界一流水平。1961 年美国国家标准协会制定了第一个无障碍设计标准。1968年和 1973 年国会分别通过了建筑无障碍条例和康复法，提出了使残疾人平等参与社会生活，在公共建筑、交通设施及住宅中实施无障碍设计的要求，并规定所有联邦政府投资的项目，必须实施无障碍设计。为了从根本上转变观念，美国许多高等院校建筑系，已专门设立无障碍设计技术课程，作为必须训练的一项基本功。现在新建道路和建筑物基本能做到无障碍建设，改造也能考虑无障碍，尤以残疾人居住的建筑最为突出，针对使用者的特殊要求，采取了更多措施，包括建筑设施的灵活调整等，以使残疾人通行安全和使用方便。

9.2.2 澳大利亚

澳大利亚对城市道路的人行道和人行通道进行了无障碍建设与改造，在水路的渡口上设置了可供残疾人使用的自动扶梯和电梯。为了保障残疾者的出行安全和方便，澳大利亚等国家为盲人安装了过街听觉、触觉（盲文）文通信号和公共信息录音系统，同时还设置了大而明显的公共信号和标志，为弱智者的出行提供了便利的信号和指示。

澳大利亚大城市的盲道设置比较完善，细细的一道，为盲人服务的同时，并不影响其他人的活动，基本没有人乱占盲道，也没有盲道与公共设施打架的现象，盲道简洁顺畅没有怪异的拐弯现象。

澳大利亚的公交系统有完善的无障碍设计，坐轮椅的人一样可以乘坐公共汽车。普通公交车底盘较低，车门开门后与人行道之间高差很小，方便残疾人使用。

9.2.3　日本

日本的无障碍设施非常系统。东京、横滨等地的住宅、道路交通、公用设施等的无障碍建设设计周到、建设完备。1964 年日本把住宅建设方向定位为老年人的居住空间。建筑群和公园、公共建筑中，视觉残疾者可以使用触觉地图，沿着途中的导盲声体，触觉信号，地理标志，变化的光源，图形以及特殊导向装置所指引的方向前进。1973 年是日本的福利工程元年，日本福利城镇（无障碍化城镇）建设开始萌芽，到 20 世纪 80 年代，福利城镇的建设开始蓬勃发展。其指导思想是："无论是身体残疾者还是健全者，无论是老年人还是年轻人、儿童都能安心方便地生活"。90 年代，日本大力推进《爱心建筑法》，立志建设一个包括便于老年人、残疾人、婴儿等所有人都能生活的环境。

日本的所有路口全部实行坡化，主要路段人行横道口都装有盲人过街音响指示器，公用设施内轮椅可以通达所有地方，所有地铁站都装有升降机，并带有盲文的按钮，每列地铁列车都有专门车厢设有轮椅席位，盲道从地上一直铺到地铁站台。如图 9 - 7 所示。

9.2.4　中国香港

中国香港对道路的无障碍要求是较高的，《香港残疾人通道守则》自 1976 ~ 1984 年进行过多次修订，不仅要求乘轮椅者在规定的无障碍道路上要实现畅通无阻，而且跨车行道的建筑物、交通信号与标志、地铁无障碍也十分完善和发达。所有路口全部坡化，主要路段人行横道口都装有盲人过街发声指示器，地铁站均设有升降机，并带有盲文的按钮，每列地铁列车都有专门车厢设有轮椅席位，盲道从地上一直铺到地铁站台。如图 9 - 8 和图 9 - 9 所示。

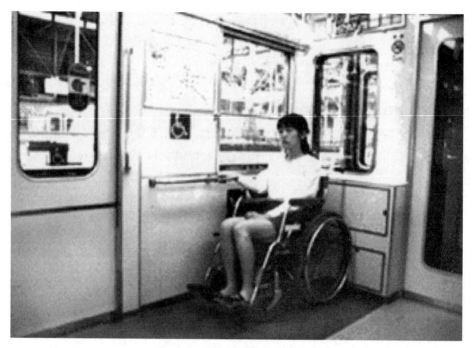

图 9 - 7　日本无障碍设施示意

图 9 - 8　中国香港商场、地铁、街道等地四通八达的盲道

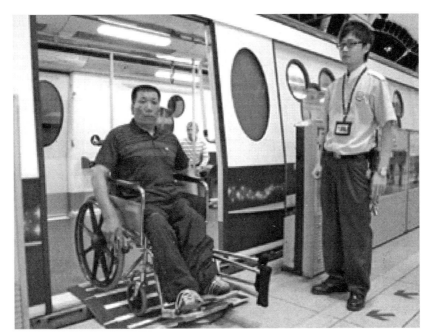

图9-9 中国香港地铁设施无障碍通行

9.3 山地城市交通无障碍设施人性化规划策略

山地城市交通无障碍设施规划的具体案例在第7章步行交通系统规划中也有涉及。具体策略见表9-1。

表9-1　　　　　　　　　　　人行道路无障碍设施与设计要求

序号	设施类别	设计要求
1	缘石坡道	人行道在交叉路口、街坊路口、单位入口、广场入口、人行横道及桥梁、隧道、立体交叉等路口应设缘石坡道
2	坡道与梯道	城市主要道路、建筑物和居住区的人行天桥和人行地道，应设轮椅坡道和安全梯道；在坡道和梯道两侧应设扶手。城市中心地区可设垂直升降梯取代轮椅坡道
3	盲道	(1) 城市中心区道路、广场、步行街、商业街、桥梁、隧道、立体交叉及主要建筑物地段的人行地段应设盲道 (2) 人行天桥、人行地道、人行横道及主要公交车站应设提示盲道

序号	设施类别	设计要求
4	人行横道	（1）人行横道的安全岛应能使轮椅通行 （2）城市主要道路的人行横道宜设过街音响信号
5	标志	（1）在城市广场、步行街、商业街、人行天桥、人行地道等无障碍设施的位置，应设国际通用无障碍标志 （2）城市主要地段的道路和建筑物宜设盲文位置图

9.3.1　盲道的人性化规划设计

应完善城区的人行道、人行道口等地方盲道的连接，让盲道延伸到公交候车站、人行天桥与人行地道，桥梁、隧道和它们入口处的人行道。由于山城城市的地理特征，在盲道有高差的地方要做缓坡处理，且不宜把盲人引向车流量较大的交通路口；在盲道高差较大的路沿两旁也要做缓坡处理，防止盲人不小心在有高差的路口盲道两边绊倒；应注重细节，使盲道上的导向凸纹易于让盲人感觉。诸如广场、公园、学校、医院等公共场所，盲道的设计应以直道为主，而且各路段的盲道连接要对口，以防不便。

盲道设计应符合下列规定。

（1）人行道设置的盲道位置和走向，应方便视残者安全行走和顺利到达无障碍设施位置。

（2）指引残疾者向前行走的盲道应为条形的行进盲道，在行进盲道的起点、终点及拐弯处应设圆点形的提示盲道。

（3）盲道表面触感部分以下的厚度应与人行道砖一致。

（4）盲道应连续，中途不得有电线杆、拉线、树木等障碍物。

（5）盲道宜避开井盖铺设。

（6）盲道的颜色宜为中黄色。

沿人行道的公交车站，在公交候车站铺设提示盲道主要使视残者能方便知晓候车站的位置，因此要求提示盲道有一定的长度和宽度，使视残者容易发现候车站的准确位置。在人行道上未设置盲道时，从候车站的提示盲道到人行道的外侧引一条直行盲道，使视残者更容易抵达候车站位置。提示盲道应符合下列规定。

（1）在候车站牌一侧应设提示盲道，其长度宜为4~6米。

（2）提示盲道的宽度应为0.3~0.6米。

（3）提示盲道距路边应为0.25~0.5米。

（4）人行道中有行进盲道时，应与公交车站的提示盲道相连接。

9.3.2　轮椅坡道的人性化规划设计

（1）路段中垂直车行道方向的缘石坡道采用三面坡型或单面坡型，其中前者适用于无设施或绿化带处的人行道，后者适用于人行道与缘石间有绿化带或设施带的人行道。

（2）路段人行横道处轮椅坡道应沿路段在人行横道同一侧相对布置。坡道可采用三面坡形式，既方便排水，又比较美观；坡道上应有指明为轮椅专用的标记。人行横道内的分隔带应断开；当人行横道长度超过 30 米时，应在中部设安全岛，安全岛不应高于地面，以方便轮椅通过。

（3）在有人行横道的交叉口处，轮椅坡道应布置在人行横道的上游一侧，以尽量减少与右转车的冲突。坡道形式尽量采用单面坡形式的缘石坡道，以减少用地，并为其他行人提供过街等待的空间。坡道上应有指明为轮椅专用的明显标记。当人行横道长度超过 30 米时，应在中部设安全岛，安全岛应与地面齐平，以方便轮椅通过。在无人行横道的交叉口，可把坡道设置在缘石转角处，而坡道形式可采用三面坡型。

具体见图 9 - 10 所示。

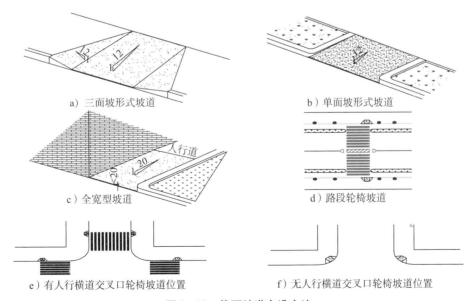

a）三面坡形式坡道　　　　　　　　b）单面坡形式坡道

c）全宽型坡道　　　　　　　　d）路段轮椅坡道

e）有人行横道交叉口轮椅坡道位置　　　　f）无人行横道交叉口轮椅坡道位置

图 9 - 10　缘石坡道布设方法

9.3.3　人行天桥和人行地道

城市的中心区、商业区、居住区及主要公共建筑，是人们经常涉足的生活地段，因此在该地段设有的人行天桥和人行地道应设坡道和提示盲道，以方便全社会各种人士的通行。

人行天桥、人行地道的坡道应适合乘轮椅者通行；梯道应适合挂拐杖者及老年人通行。在坡道和梯道两侧应设扶手。

人行天桥、人行地道的坡道设计应符合下列规定：

（1）坡道的坡度不应大于 1∶12；在困难地段的坡度不得大于 1∶8（需要协助推动轮椅行进）；

（2）弧线形坡道的坡度，应以弧线内缘的坡度进行计算；

（3）坡道的高度每升高 1.50 米时，应设深度不小于 2 米的中间平台；

（4）坡道的坡面应平整且不应光滑。

9.3.4　桥梁、隧道、立体交叉

桥梁、隧道无障碍设计应符合下列规定：

（1）桥梁、隧道的人行道应与道路的人行道衔接，当地面有高差时，应设轮椅坡道，坡道的坡度不应大于 1∶20；

（2）桥梁、隧道入口处的人行道应设缘石坡道，缘石坡道应与人行横道相对应；

（3）桥梁、隧道的人行道应设盲道。

为使行动不便者能方便、安全使用城市道路，应在人行道路上设置无障碍设施，包括缘石坡道、坡道与梯道、盲道、人行横道、标志等。人行道路的无障碍设施与设计应符合下表的规定。

9.3.5　音响交通信号的人性化规划设计

在行人交通繁忙的路口和主要商业街，宜设置音响交通信号。设置音响交通信号布设时，残障者通过街道所需的绿灯时间，按残障者步行速度 0.50 米/秒计算。

9.3.6 步行环境要求

为确保步行舒适性，还需考虑通行空间使用的原材料和设施，通行空间的景观改善，向行人提供信息等。

（1）行人通行空间使用的原材料、设施。

使用的原材料应确保雨天时人行路面不会打滑、不积水，设置照明设施等。

（2）行人通行空间等的景观改善。

为了改善道路的景观，应对植树、防护栏和照明设施等道路附属设施的形状、色彩等进行考虑。

（3）向行人提供信息的设施。

为了便于提供信息，根据需要，应设置能够指导行人用的标志、地图等设施。此时，需要考虑行人的通行和景观。

（4）在照明方面，必须确保人行道的整体照明和足光照明。

9.3.7 加强法制建设和宣传教育

明确政府各职能部门的职责，加强对无障碍设施的设计、审批、建设、验收、管理、维护等。从法制的层面上营造出无障碍设施建设和使用的大环境，切实有效地提高公众的助残意识，充分体现社会公平和提升社会文明程度。

为促使市民支持和维护无障碍设施，应当通过广播电视、互联网、期刊、报纸等大力宣传"无障碍设施"的作用和意义，形成宣传报道关心残疾人，重视无障碍设施建设的文化氛围，提高社会大众对无障碍设施重要性的认识，促进市民共同关心无障碍设施建设。

参 考 文 献

［1］ 杜春兰．山地城市景观学研究［D］．重庆：重庆大学博士学位论文，2005．

［2］ 黄光宇．山地城市空间结构的生态学思考［J］．城市规划，2005（01）：57－63．

［3］ 谢正鼎．山地城市道路交通系统规划问题的思考［J］．重庆建筑大学学报，1998（03）：109－112＋117．

［4］ 崔叙，赵万民．西南山地城市交通特征与规划适应对策研究［J］．规划师，2010（02）：79－83．

［5］ Michael G. H. Bell. Yasunori Iida. The Network Reliability of Transport［J］．Proceedings of the 1st International Symposium on Transportation Network Reliability（instr）［M］. Oxford：Elsevier. 2003.

［6］ 戴继锋，杜恒．人性化交通系统规划设计方法探索与实践［J］．规划师，2014（07）：13－20．

［7］ Bertaud, Alain, Robert Po. Density in Atlanta：Implications for Traffic and Transit［R］．2007.

［8］ 李泽新，童丹，李治，王蓉．山地城市人性化交通建设目标与措施［J］．规划师，2014（07）：21－26．

［9］ 韩列松，余军，张妹凝，王梅．山地城市步行系统规划设计——以重庆渝中半岛为例［J］．规划师，2016（05）：136－143．

［10］ 重庆市渝中区步行系统规划设计．重庆市规划设计研究院，2012．

［11］ 重庆主城区路网密度调查分析研究．重庆市交通规划研究院，2010．

［12］ 重庆北部新区自行车交通系统专项规划——住房和城乡建设部示范项目．重庆市交通规划研究院，2012．

［13］ 2016年重庆主城区交通年度发展报告．重庆市交通规划研究院，2017．